成為菁英

給初入社會的你從未聽過的工作建議

山口周 著

目次

第3章 人際關係——因為正值二十世代，所以敢樹敵

第5章　逆境——經歷過低潮的人，越能大大躍起

第6章　人生——拋開常識的瞬間，可能性就有無限多

前言

為了將來能夠「出類拔萃」，你現在應該做的事

為了未來能迎向幸福且成果豐碩的職業生涯，我想透過這本書向正值二十世代的你，傳達一些應該注意的事。其中包含了不少可能會讓大家覺得奇怪、且與社會上的常識恰恰相反的意見。關於這一點，我先在此簡述我的想法。

如上述所言，若以社會上的一般常識來看，本書的確有相當程度的內容會令人感到疑惑。

因此，可以假設如果要實踐本書的建議，一定會感受到不小的壓力。

舉例來說，「努力是種怠惰」這個主張就是典型的例子，想當然耳，若要實踐這些建議，勢必跟舊世代根深蒂固的社會常識產生很大的衝突，這會形成各位的壓力，或許有人覺得應該遵從社會上的常識，而非遵從我的建議。

這終究屬於個人的責任，交由你來判斷，不過我想跟各位分享一個事實：那就是，像日本這種集體遵守並實踐「各項工作常識」的勞動環境，從國際上的眼光來看，有多麼「落伍而遭到淘汰」。

我想不用特意在此列出詳細的數據，但根據日本內閣府等政府機關的民意調查，或是我現在所屬的「光輝國際集團」（Korn Ferry Hay Group）、蓋洛普（Gallup）等民間企業的組織調查，整體而言，可知日本的勞動意願、勤務意願在成員國當中，排名是敬陪末座。

也就是說，若從「幸福且成果豐碩的職涯」此一觀點來看，日本的勞動環境堪稱世界最差的等級。在這個人民集體遵循「工作上各種常識和禮節」的國家，勞動意願與勤務意願竟是世界最低的水準，我們能從這個事實得到的啟示顯而易見：那就是，遵循日本普遍認為是常識的工作模式，其實有很高的風險無法實現幸福且成果豐碩的職涯。

為何幾乎所有的人都對這擺在眼前的事實視而不見呢？真是非常不可思議。

我先在此稍微介紹一下我自己。

我二十多歲時進入電通廣告公司工作，到了三十幾歲，轉職到策略系的美商管理顧問公司服務，四十幾歲時，赴專長人力與組織整合的「光輝集團」擔任資深顧問師的職務。

本書集結了我在二十多歲時與周遭的人摸索磨合，試過後覺得還不錯的工作習慣，以及我長年來從事人力、組織的管理顧問工作迄今，接觸過一些「展現自我本色，樂在工作且成果獲得好評的人」——也就是頂端1%的菁英分子，參考他們年輕時共通的行動與思考模式，彙整成建議。

雖然一再提及本書的多數主張都和現在日本企業裡橫行的「工作常識」大相逕庭，但相反而言，若老是停留在社會上的常識範圍內工作，那當然只能實現常識範圍內的普通資歷或成就。**為了能夠「出人頭地」，就必須打破某些常識**。

這麼一來，最困難的部分就是如何分辨「該遵守的常識」和「該打破的常識」了，希望本書能提供你分辨的提示。

最後，本書的日文版書名「二十世代的你不要加班！」[*]可能會讓許多

* 日文版書名《トップ1%に上り詰めたいなら、20代は"残業"するな》。

人嚇一跳，但這絕非在主張「要取得工作與生活之間的平衡」的意思。

不，甚至可以說是完全相反的意義。

當我們說「工作與生活」通常是指「工作」和「私人生活」應劃清界線，以兩者無法兼得為前提。

但是，一旦抱持這種想法，不管到什麼時候，工作永遠都是「痛苦、盡可能想要避免」的事，結果當然無法實現「幸福又成果豐碩的職涯人生」。

我的主張不是這樣，**反而認為整體的生活與工作息息相關，私人生活的充實能為工作帶來成就，兩者互相交融，也就是「工作與生活要調和」的概念，因此才主張「不要藉著加班來逃避」**。

完全不去質疑「努力投入眼前的工作是好事」這種社會上的常識，也不預設這個工作能為社會帶來什麼影響？為自己帶來什麼樣的成長？毫無所覺地以為只要投入眼前的工作就能獲得好評價的話，那是太天真了。

為了戒除這種認知上的怠惰造成依賴的心態，我才會說「不要加班」。

其實，「加班」是很輕鬆的逃避之道。因為就算沒做出什麼成績來，也能說「反正我已經很努力了」。

周遭的人會同情自己，上司也會給予還不壞的評價。

可是，這種「雖然很努力卻做不出成果來」的員工一多，只會讓人事費不斷增加，讓社會、公司陷入沒有價值生產力的劣勢窘境。

在研究組織論的領域裡，這已然是一種常識，「雖然很努力但做不出成果來」的人生產力最為低落。換言之，他們也是對組織最有害的人，應趁早剔除，但日本企業的人事考核制度極度慣於採取「評價努力與否的主義」，才衍生出這種人無法被排除的問題。

對於這個問題，現在許多日本企業以擴增「裁量勞動制」*的方式來因應，可視作資方為了讓「勞動時間的長短不直接反映在薪資上」所採取的對策，也許在不遠的將來，「努力不等於評價、付出不等於報酬」的時代就會來臨。

只要這麼思考一下，就會了解「加班」是多麼輕鬆的逃避之道，反

＊ 譯註：由員工自行決定工作的時間分配，公司只支付定額薪資，類似責任制。

之，向大家宣告「我不加班，但會做出成果來」而留下一夥看似和樂融融的加班同事揚長而去，需要承受多大的精神壓力。

不要假藉「努力」來逃避，要著重在成果上。

請以這樣的標語來敦促自己。只懷著半調子的心態是做不來的。

無論如何，如果不加班又做不出成果的話，勢必會被身旁同事投以冷漠的目光——「哪來這麼囂張的人」。也因為如此，很多人會選擇藉「加班來逃避」。所以，「二十世代的你不要加班！」這句話，就是我想對各位傳達「不要靠加班來逃避」、「不要以努力為藉口，要著重於成果」的意思。

那麼，開場白就說到這裡，我們趕緊進入正題吧！

第1章

策略

如何看待、度過二十多歲的時光
來決定往後的人生

01 這個世界並不嚴苛，也不殘酷

勿聽信聳動的標語隨之起舞

首先，我想向各位說，你們即將出航闖天下的「世界」，其實並不嚴苛，也不殘酷。

換句話說，用不著太害怕。

社會上有些人總是一味地吹噓「世界既嚴苛又殘酷」，但我完全沒有這種感覺。反倒是這個世界也曾經伸手幫助我、引導我，我甚至覺得「社會是溫和親切的」。

那麼，為什麼「世界既嚴苛又殘酷」這樣的想法會如此盛行呢？

原因大致有二：

第一個原因是，吹噓「世界既嚴苛又殘酷」的人認為只要這麼威脅，別人就會願意傾聽自己的主張。

說得更直白一點，這種形同威脅的話語可以讓書籍或演講的門票更賣座。

管理顧問公司的營業手法當中，有一種叫作「恐怖故事」的方法。簡單而言，就是以「各位的公司之後會面臨可怕的局面喔！不過請放心，只要和我們的管理顧問公司簽約，就能避免發生恐怖的情況。」這樣的說詞向客戶推銷諮詢的服務。

這是宣傳空泛內容的人慣用的手法，某些邪教或神棍也是採用同樣的套路向信徒斂財。

主張「世界既嚴苛又殘酷」的人八成也抱持著同樣的意圖。

「世界」會隨觀看的方式改變

第二個原因是，鼓吹「世界既嚴苛又殘酷」的人因本身既嚴苛又殘酷，所以周遭的人也不得不變成既嚴苛又殘酷。

個人所擁有的世界觀即代表此人本身以什麼樣的觀點在面對世界，有如鏡向反射的結構。這個世界之所以看起來是個殘酷又嚴苛的地方，正是因為本人以殘酷又嚴苛的方式對待世界。

其實仔細想想也是理所當然的事，如果有人內心認為「我身邊都是一些殘酷嚴苛的人」，別人自然也不想和這種態度高高在上的人愉快共事或成為朋友吧？沒人喜歡「殘酷嚴苛」這樣的形容詞。

既然如此，要怎麼做才能改變這種情況，其實很簡單，**不用想要「改變世界」，只要先改變自己就行了**。

如果自身認為「世界是殘酷又嚴苛的」，那周遭必有「殘酷又嚴苛的人」聚集而來。

只要各位不抱持這種心態，世界就不會只是個殘酷又嚴苛的地方。世界究竟會變得殘酷嚴苛，還是相反地成為一個爽朗快樂的地方，都隨各位每一個人如何看待世界、是否與之對峙的態度而定，這一點請謹記在心。

02「人生」的航海舵手就是你自己

隨波逐流度過二十世代太浪費

雖然我主張這個世界既不嚴苛也不殘酷，但並不認為正值二十多歲的你可以缺乏主體性，對周圍的狀況隨波逐流，渾渾噩噩過日子就好。

現在這個時代和大致能預料什麼行動會帶來什麼成果的二十世紀後半比起來，難以預測，變化非常快速。

身處在這樣的世界中，若沒有自身的主體性，只是像一艘漂泊的船隨波逐流的話，恐怕很難到達自己想要前往的目的地。

重要的是，要有氣度擔當「名為『自己』的這艘船」的船長。

你也許會覺得這不是理所當然的事嗎？

但是容我直言，這世上絕大多數的人都把「名為『自己』的這艘船」的船長職位拱手讓給了別人。

所謂的「別人」就是諸如上司、前輩或父母之類物理性存在的人物，或是世間的常識、束縛自己的價值觀等等。

尤其是二十多歲的年輕人特別容易受這些人或價值觀所左右。

船長要為所有發生在這艘船上的事負起最終責任。

而且，這艘船目標何處、思考選擇什麼樣的航線到達那裡也是船長的職責。假如判斷有誤導致觸礁或沉沒，同樣也是船長的責任。若因「那時一般都是這麼做」、「前輩和同事都贊成」之類的理由決定自己的目的地或航線，最後觸礁沉沒的話，世間和前輩是不會為你負起責任的。

以我自身的經驗來說，當我決定離開大學畢業後任職的電通公司時，受到許多前輩和同事、友人近乎亂罵一通的責難和反對。

現在回想起來，可以推斷當時這些來自我周遭的反應是一種恐慌反應。儘管自己也想這麼做、察覺應該這麼做，卻故意假裝沒發現，所以一旦出現像我這樣的人直言「電通的未來是黯淡的，所以我要離職」而率先跳船時，他們就被迫得重新面對自己的不安。

交由他人判斷所產生的悲劇

很多人在做什麼重大決定時，會想要「先跟別人商量一下再說」，不過最好別太寄望他人能提供多少對當事人真正有意義的建議。

人在下決定的時候，會反映出各自的價值觀和感性。實際上，沒有人擁有完全相同的價值觀和感性，所以別人認為是好的選擇，對當事人來說未必一樣是好的。

煩惱如何從數個選項當中做出抉擇，其實是個大好機會來省思自己究竟重視什麼樣的價值觀和感性。

名為「自己」的船要由自己來選擇航線，請以這樣的心情在孤獨中細細思量。

有一點要提醒你，別誤會，雖然我主張為了自己的選擇向別人尋求意見，會使自己的判斷力變遲鈍，應盡量避免，但如果是為了蒐集判斷所需的資訊，我則鼓勵應積極詢問別人的看法。

舉船長的例子來說，也就是不要直接問別人「A航線和B航線該選哪一條才好？」而是探詢A航線會行經的C海域是什麼樣的氣象或有無流冰等，多打聽這一類「為下判斷所需的資訊」。

世界各地都曾針對「人在臨死前對什麼事情感到後悔」進行各式各樣的調查，從調查的結果中，可以發現一些共通的回答，如「太在意他人」、「沒有做自己想做的事」等，相對於此，幾乎不見後悔「我行我素地活著」、「沒有聽從他人的建議」之類的意見。

這個調查結果對於「什麼是美滿的人生？」這個疑問，為我們帶來很大的啟示。名為「自己」的船在人生的最後會到達哪裡？途中會經歷什麼樣的經驗？**不是世俗的常識或雙親、前輩決定的，而是自己**，這一點請銘記在心。

人必須要照思想來生活，否則終將照生活來思想。

——保羅・布爾熱（Paul Bourget，十九世紀法國小說家）

03 二十世代不用急著展現出成果

越是少年得志的人越容易虎頭蛇尾

如果你曾拿自己和二十多歲就大獲成功、成為媒體寵兒的人相比，也許會覺得自己怎麼這麼不爭氣而感到沮喪。

不過，其實不用太在意……甚至我反倒認為，二十多歲的年輕人應積極避免太早嶄露頭角。

因為人生在過早的階段功成名就的話，很有可能會造成這個時期才能有的「輸入」變得短缺，使往後的資歷如同泉水枯竭般，無法持續「輸出」。

思考這個問題時，我總會想起兩位鋼琴家。

一位是美國的范・克萊本（Van Cliburn），另一位則是義大利的毛里齊奧・坡里尼（Maurizio Pollini）。這兩位鋼琴家的人生寫照清楚顯示出「在人生太早的階段獲得名聲，可能使日後的職涯後繼無力」這件事。

西元一九五八年，當時正值冷戰時期的蘇聯成功發射人造衛星，證明了共產主義國家在科技上的優勢後，藝術層面也不甘於人後，設立第一屆柴可夫斯基國際音樂比賽，由克萊本獲得了壓倒性的冠軍。

此時的克萊本年僅二十三歲。在冷戰的國際情勢下，凱旋歸國的克萊本颳起一陣旋風，一夕躍升為美國的民族英雄。

克萊本隨即推出了柴可夫斯基樂曲的唱片，登上告示牌（Billboard）排行榜第一名。古典音樂榮登告示牌排行榜第一名的創舉是前無古人後無來者，只有克萊本的唱片，可見當時的「克萊本熱潮」有多驚人。

但就在不久後，克萊本被利益至上主義的金主當成馬戲團的猴子要，安排到世界各地巡迴表演，根本沒時間好好繼續深造音樂。身為鋼琴家的他可惜最後沒有開花結果。

另一方面，坡里尼又如何呢？他在比克萊本更年輕的十八歲時，參加一九六〇年的蕭邦國際鋼琴比賽，同樣獲得冠軍。此時，擔任評審的名鋼琴家魯賓斯坦（Artur Rubinstein）甚至評價他「在演奏技巧上已勝過所有評審委員」，可見他的琴藝多麼出眾。

然而，儘管年方十八歲的坡里尼已享譽國際，之後的十年卻幾乎從各大公開的演奏活動銷聲匿跡。這段時期，坡里尼在大學學習物理學，拜知名的鋼琴家米開蘭傑里(Arturo Benedetti Michelangeli)為師學藝，在世界最高水準的技術上，賦予身而為人的廣度，繼續鑽研音樂的深度。

之後，坡里尼才開始參加國際演奏活動，推出第一張音樂唱片。這張唱片於一九七一年發行，也就是他在音樂比賽奪冠的十一年後。後來，坡里尼持續累積身為鋼琴家的資歷，直到七十四歲的現在(二〇一六年時)，許多樂評家把他譽為「當今評價最高的鋼琴家」。在蕭邦鋼琴比賽奪冠後，不難想像會有很多人打算利用坡里尼的國際名聲大賺一筆。以一般邏輯來思考的話，在享譽國際盛名後的十年暫停演奏活動，根本不合理。

請想想看，他是在世界知名的大賽中，以壓倒性的差距奪冠的新銳鋼琴家。只要減少進修的時間，多參加一些演奏活動，就能在短期內獲得鉅額的報酬吧？

可是，坡里尼卻沒這麼做，反而把二十多歲的時光花在完全不帶經濟報酬的活動上。

因為他很清楚自己習藝還不夠精，如果就這樣直接投入繁忙的演奏活動，有朝一日，身為音樂家的泉源必定耗盡枯竭。

我時常提及「邏輯思考的愚昧」，坡里尼也在關鍵的當下，以直覺做出看似不合理的職涯抉擇。能做出這樣的判斷，可謂是真正的「明智」。

比較看看克萊本和坡里尼，兩人都在人生較早的階段嶄露頭角，但若是荒廢了這個時期才能有的「播種」，往後的人生將不知有多悲慘困頓。

二十世代是播種、培育的時期

人生有分「播種的時期」和「收穫的時期」。倘若混淆了兩者，就會發生像克萊本那樣的悲劇。

把人生比擬為四季來思考看看。

生於早春的嬰兒成長到學生時代的青春期，屬於「春」，歷經了「夏」的青年期，到「秋」的中壯年期，之後是迎接晚年的「冬」。人生當然是在中壯年時期的「秋」收穫豐饒的成果，因此春天到夏天的時節必須整地和播種。如果荒廢了作業，等不及在較早的時期收成，反而可能使人生的總收穫量減少。

以一年的季節來比喻，二十世代就像是「初夏」。

稻子結了青青稻穗迎風搖曳，仍需要水、風、太陽的滋養，田地也必須照顧。如果在這個時期太急著想要「收割＝輸出」，恐怕會破壞自己田地的「潛在收成力＝可能性」。

希望二十世代的各位不要著急，請先好好播種、栽培自己的實力。

04不要以輸出為優先，要先輸入

把時間換算成金錢的話……

前文說明了二十世代還沒有成果是理所當然的事，甚至還不要急著產出比較好。關於這一點，我們用「機會費用」的概念來思考看看。

輸入的時間和輸出的時間，應該為哪一方花多少時間，從比較兩者的活動所能得到多少報酬而定。試著比較「輸入＝學習的時間」和「輸出＝工作的時間」的話，輸出的報酬越高，那學習造成的利益散失也就越大。

這個散失的利益以經濟學的術語稱呼的話，叫作「**機會成本**」。

打個比方，假設有一位時薪兩千日圓的A先生和一位時薪兩萬日圓的B先生。

以這兩人的情形來說，若要減少工作的時間以增加學習的時間，是B先生喪失較多的利益。

因為學習本身不會直接帶來近期的收入，即使花很多時間努力用功，也無法馬上增加報酬。

這裡的問題是，B先生越是花時間學習，越是得不到應有的高額收入。假如一天花兩小時學習的話，A先生的散失利益是兩小時×兩萬日圓×三十天，也就是每月十二萬日圓。

另一方面，B先生的散失利益是兩小時×兩萬日圓×三十天，每月一二〇萬日圓。

眼前有工作多到堆如小山，只要肯做就能獲得超過一百萬日圓的報酬。這樣的話，其實反而是確保不帶近期收入的學習時間，需要更大的意志力吧。

不要急，要懂得投資自己

雖然不好直接指名道姓說是誰，不過社會上曾有些人一度掀起熱潮，之後卻無以為繼，不再產出，大多都是因為掉入了這個「高價的機會成本」的陷阱裡。

然而，這種情形也無法隨意地批判。因為越是做出成果來的人，越容易在人生的某個時刻遇到「高價的機會成本」問題。

對大部分的人而言，約莫會是在四十到五十多歲左右吧。

換句話說，到了這個年紀，難以挪出「輸入＝為學習所需的一段時間」，而且也不願挪出那段時間（＝因機會成本高）。

這意味四十至五十歲的成果是來自二十至三十歲時所進行「輸入＝播種」的回收。

年輕時（＝因薪水還不高，所以機會成本少），能為自己輸入多少是決勝負的關鍵。

所以，二十世代的你不用急著實現華麗的成果，反而還不要做出會促使機會成本升太高的成果來，比較好。

05 設定小而具體的目標

雖說志向高遠是很好，但……

嘴上說工作是為了公共的利益，最終實現龐大獲利的人，我一個也沒見過。

——亞當．史密斯（Adam Smith），《國富論》

最近日本很流行以「打造更好的世界」為目標，成立新創事業或NPO組織。

從旁觀看這些人的雄心壯志，可能會讓你覺得「自己實在做不到」而心情沮喪。

不過，如同本節的開頭所示，我認為這種誇大其詞且抽象的目標，恐怕無法真正促成「更好的世界」。

那麼，若問什麼才是改變世界的契機，其實非常單純，就是「想要幫助、處理眼前的人或狀況」這樣具體的想法。

如果沒有具體的問題意識，無法產生實際行動，沒有行動，事業也會缺乏領導力。

換個說法來說，就是「**設定小而具體的目標**」非常重要。好好專注於「現在可以從這裡開始的事」是首要之務。

長年在加爾各答的修道院從事慈善活動的德雷莎修女於一九七九年獲頒諾貝爾和平獎時，有電視媒體專訪她「為了實現世界和平，我們可以做什麼事？」而她的回答是「回家去愛你的家人」。

請注意「實現世界和平」這樣「遠大而抽象的目標」和「回家好好珍愛家人」這樣「小而具體的目標」之間的對比。

這真是諷刺的答覆，許多政治家或慈善家高喊「遠大而抽象的目標」，但他們是否真的促進了世界和平？德雷莎修女一針見血地反問著。

就算誇下豪語說要「實現世界和平」這種「抽象而遠大的目標」，也無法真的做到。每一個人都要從「現在、這裡」開始珍愛身邊的人。所以德雷莎修女才會告訴我們，從小而具體的行動開始做起，方能促成世界和平。

分割成「現在、這裡」可以做的事

你可能會覺得這些話有些離題，不過我認為成就職涯也需要同樣的心性。遠大而抽象的目標無法產生具體的行動。

首先，請你試著設定出「小而具體的目標」。

以我的情形為例，我的「遠大而抽象的目標」就是意識到「透過工作造福人群」、「以公司改變社會，培養公司內的革命家」這些事。

可是，即便訂立這樣的目標，那麼，試問從「現在、這裡」可以做些什麼？恐怕還是有點茫然無頭緒。

重要的是，為了達成這個目標，至少未來三年內應該學習什麼？今年該完成哪些事？這個月還有今天要做什麼？必須好好思考這些問題。

其實不需要多麼遠大的目標。

以我的情形來說，我三十多歲時曾打算在沒取得ＭＢＡ（經營學碩士）學位的情況下，從事顧問職，所以想先自修學好經營學所有的基礎知識，而選了多達兩百本知名商學院指定為教材的書籍，訂下花兩年時間讀通的目標，且付諸實行。

這件事的始末在我另一本拙著《閱讀應用於工作的技術》（読書を仕事につなげる技術，KADOKAWA出版）也有提到，結果是個大錯特錯的決定，那些原本該讀的書其實只要讀個一成左右就夠了。

不過，這次的經驗也算是讓我學到了教訓，不要讓遠大的目標一直只是個遠大的目標而已，把它分割成「現在、這裡」可以做的事，然後腳踏實地去做，就會開始見著一些新風景。

各位也請先從訂立小目標開始，好好實踐現在可以做的事。

06 不要太低估自己

為什麼訂立目標也無法達成？

上一節說到小而具體抽象的目標好過遠大而抽象的目標。關於這一點，我想再稍微談談我經常感受到的挫折。

那就是，訂立目標時，很多人會低估自己潛在的能力和可能性。

說什麼「反正不可能，做不到」就放棄了。這樣真的很可惜。

在哈佛商學院研究權力和領導力的傑夫瑞·菲佛（Jeffrey Pfeffer）指出「阻撓成功最大的主因就是『對自己所下的不當過低評價』」。

他的論述如下：

人一般都希望往好的方向來認知自己，懷抱著自己喜歡的自我形象。於是，為了能保有這個形象，大致分有兩種方法。第一種方法是，為了接近自己喜歡的自我形象而付出努力。不過，採取這個方法的人並不多。然後，第二個方法是，為了守護自己喜歡的自我形象，盡可能避免可能損及自我形象的失敗，也就是不接受挑戰，或不做太大的努力，乾脆直接放棄。

成長少不了失敗

為了守護自己喜歡的自我形象，盡量避免可能損及自我形象的失敗，也就是不接受挑戰，或是不做太大的努力，乾脆直接放棄。這個現象稱為「自我設限」(Self-handicapping)，已經由許多研究獲得證實。

人會變得自我設限的原因其實很明白。

首先，人都想要認為自己是優秀、能力好的。但是，如果立下高目標，結果挑戰失敗的話，自尊心就會受傷。

於是，有人會半刻意地做出讓失敗率變高的操作，如在真正需要努力的地方偷懶，實際失敗後，也能說「因為我沒拿出真本事」來保護自尊心。或者，根本不設定太高的目標、不接受挑戰，一樣能保護自尊心。

可是，如果一再重複這樣的情形，當然無法締造屬於自己的成果，獲得受肯定的機會。自我設限造成可能性的毀損，尤其在二十世代的階段，更是左右往後職涯的重大問題。

因為二十多歲的時候是透過失敗來學習的時期。

不管做得到還是做不到，還是要訂出自己的能力還算可及的高目標，勇敢接受挑戰。結果可能會讓你經歷很多失敗，不過藉由反省這些失敗，人就會大為成長。

自我設限會害人不想設定高目標，抑或是就算設定高目標，還是因為怕自尊心受傷而故意放水。二十多歲時，如果這種情形一犯再犯的話，別說做出成果來了，甚至連播種都沒有。

我認為改變人生的契機，就在你開始覺得以往認為「不可能」的高目標「也許做得到」的時刻降臨。

雖然「現在的自己不可能做到」，但如果有一天產生「要是能做到就太好了、能得到就太棒了」的念頭，相信一定會成為各位改變自己的契機。

07「弱點」才是最大的強項

注意會指責你弱點的人

音樂製作人淳君（つんく♂）因培育了多位知名歌手而享譽盛名。

我身為管理顧問師，本業是為客戶的企業提供組織開發、人才培育的建議，所以心想要怎麼像他一樣發掘開拓出這麼多獨特的才華，所以在有機會和他見面時，曾請教過他這個問題。

當時，淳君的回答令我印象非常深刻，他說：「**出道前的練習生總是拿自己和周圍的人比較，發現了自己的『弱點』，對此感到懊惱、老想著怎麼矯正。不過，其實真正重要的是，思考這個人有什麼獨到的特點？如何把它培育成強項？**」

換句話說，所謂製作人的工作不是「矯正弱點」，而是思考「如何培育練習生獨到的強項」。

就人才養成的層面來說，這是極為重要的觀念，很多人卻做出完全相反的事。也就是與其發掘個人獨到的強項，多數人寧願為了隱藏特點而扼殺自我。

典型的例子就是批評鈴木一朗獨特鐘擺式打法的土井正三教練，他曾揚言「只要不改就不把他升到一軍」，而真的一直把鈴木一朗留在二軍的名單裡。自尊心高的一朗無視教練的指導，持續他的鐘擺式打法。如果他當初聽從土井教練的指示，恐怕就沒有今日的鈴木一朗了。

人稱「指導者」，尤其是有此自覺且愛擺架子的人常見這種傾向。各位的人生當中，恐怕也會出現像土井教練這樣的人們。

這些人不認為各位獨到的特徵是「強項」，而是應該矯正的缺點，甚至為了強迫你修改做出一些壞心眼的事。

更惡質的是，這種人往往對外宣稱「都是為你好」，其實是服膺於內在想要「使別人屈服」的慾望才做出這樣的行為。由於本人也沒有察覺到自己內在的慾望，所以表面上看似待人親切，事實上只不過是強迫他人接受自己認定的事物。

遇到這種指導者或前輩時，請你要特別注意，不要因此折損了自己獨特的強項。

把自己的弱點變成武器，擬定戰略

那麼，為了把自己獨特的強項發揮到極致，還需要「由自己來策劃自己」的心態。

關於「策劃自己」這一點，我認為最佳的範例是搞笑藝人島田紳助先生。

這話怎麼說？有興趣的人務必一讀他的著書《策劃自己的能力》（自己プロデュース力，Yoshimoto Books），其實本質上就是在談「在自己的武器能派上用場的地方決勝負」。對此，他徹底執行了自己的策略。例如，島田先生一改以往老少咸宜的相聲風格，採取了「把焦點集中在逗笑二十至三十五歲男性」的策略。因為他認為自己的人格特質比較尖銳，不適合表演老爺爺、老奶奶喜歡的那種溫馨相聲，無法在這個觀眾群裡勝出。

於是，他也徹底分析了受二十至三十五歲的男性歡迎的相聲類型，甚至把分析結果予以系統化，如法炮製。島田先生更是在他的著作中坦言「我都是抄襲島田洋七先生*的」。

簡言之，就是要了解自己的人格特質，然後把自己放在該特質會是強項的領域裡，好好擬定如何在那裡致勝的策略。

除了對於「策略」的見解，島田伸助先生還建議「吉本新喜劇」的年輕後進「不要只一頭顧著練習」。意即「不要藉由努力來逃避」的意思。

關於「由自己來策劃自己」這一點，我認為這莫過於是最明快的建言了。

*譯註：島田伸助的相聲師兄，皆為島田洋之介的弟子，著有《佐賀的超級阿嬤》等。

08「強項」產自「交叉點」

重點在於專長的「相乘」

雖說要由自己來策劃自己，你可能會想，該從什麼地方、如何思考才好，還是一頭霧水。這的確不是那麼簡單的事，不過我可以提供一個提示，就是要「**意識到交叉點**」。

所謂的策劃，就是「製造交叉點」。

回顧那些創下劃時代豐功偉業的個人或組織，會發現他們所站立的「位置」都是別人無法取代的「獨特交叉點」。

- 源自美國的搖滾樂×英倫風的摩德文化（Mods）＝披頭四
- 設計×科技＝蘋果電腦

・平價的男裝風布料×超高級訂製服品質＝香奈兒
・古典樂的作曲技術×流行音樂＝坂本龍一

這裡有個非常重要的一點是，位在交叉點上相乘的各個要素，其實不用是一流的等級也沒關係。

舉蘋果電腦為例，姑且不論設計面，就科技層面來說，應該沒多少人認為蘋果電腦是世界最先進的企業吧？這一點恰如創辦人史蒂夫・賈伯斯所言，蘋果公司是一家「站在人文與科技的交叉點」的公司，這個相乘作用正是奠定它獨特定位的基石。

我自己也在各種場合宣稱「自己是在經營科學與人文科學的交叉點工作」，這個說法也是從賈伯斯的話語獲得靈感而來。

說到這裡，我想起一件往事。我在研究所研究文化設施的經營時，曾與專案研究的公司員工進行討論。這家公司在倫敦有設營業據點，為劇場經營提供客製化的諮詢顧問服務，在這個領域締造了堪稱全歐洲之最的業績。

在諮詢顧問業的領域當中，有很多頂尖好手。例如，諮詢顧問業界的龍頭公司「麥肯錫公司」(McKinsey & Company)在全球擁有一．七萬名員工。就規模來說，第二名是「波士頓顧問公司」(Boston Consulting Group)，目前的員工約是一萬人。

換言之，光是把業界兩大龍頭的員工數加總起來，就已近三萬人。再加上其他的同行公司，輕輕鬆鬆就破好幾萬人的規模。

不過，如果在這數萬人當中，附加「了解美術或音樂史」的條件，究竟還剩下多少人呢？光是增加要具備西洋美術史或西洋音樂史基本知識的條件，就會讓這個總人數篩選到只剩下百分之一左右吧。

通常，諮詢專案會在初期進行組織的現況分析。若是為一般企業擬定經營策略的專案，首先會從分析競爭的現狀和市場狀況開始著手，但換作劇場的諮詢專案的話，會先從各曲目的收支開始分析。如果有攬客力不佳的曲目，就會實際聆聽過，再分析演奏是哪裡出了問題。

幾乎所有的顧問師都能夠分析曲目的收支效益。

不過，他們能做的也僅止於此而已。發現某一首曲子的攬客力不佳後，要找出是什麼原因，需要一定程度以上的鑑賞力和對音樂市場的敏銳嗅覺。

然而，同時具備這兩種能力的人少之又少，也就是說，他們因此能在這個業界維持穩定的營利。

不用樣樣得第一

這裡還有一點希望你注意到的是，這些人的能力不論單從經營策略顧問的觀點或是只從音樂評鑑的能力來看，在單項領域當中，都稱不是上超一流的水準。

甚至說好聽一點是準一流，視情況也可能只算二流。

不過，在同時需要具備這兩種能力的局面，他們的存在就是世界上獨一無二的。

在這樣的局面上，擬定經營策略的頂尖好手和音樂鑑賞的頂尖好手都派不上用場。

仔細想的話，不覺得很厲害嗎？

因為世界變得更加多元豐富了。假設把這個世界簡化成只有一百種領域，那麼，在各個領域裡只有一百位冠軍，剩下的人都是贏不了冠軍的陪襯。

不過，如果這一百種領域互有重疊的交叉點也是競爭的區域，就會產生四千九百五十個交叉點冠軍（100×99÷2）。

過去，世界上只有一百位的冠軍，一口氣多了四千九百五十人。

各位也請多多意識到「交叉點」的存在，省思看看自己的強項是什麼。

第2章

工作

只專注在能帶來「成長」與「成果」的事物

01 不要被「性質差的工作」佔據了時間

如何分辨工作性質的好壞

一般認為「全心全力投入眼前的工作」是美德，不過這其實是非常危險的想法。

社會上有努力就能不斷豐富人生的「**性質好的工作**」，以及再怎麼努力也不能帶來富裕的「**性質差的工作**」。

你可能會認為二十世代無法自己選擇工作，所以工作性質的好壞沒有關係，不過，事實並非如此。正因為你的立場不能自由選擇工作，所以學會如何分辨兩者就變得相形重要了。

那麼，所謂「性質好的工作」是指什麼樣的工作呢？

著眼點有二：

那就是是否能「帶來成長」和「帶來評價」。

「是否帶來評價」是指完成這項工作後，你在組織裡的價值或發言力會提升嗎？

說得更直白一點，就是評鑑這項工作的人當中，是否有可能升官或掌握權力的人？

如果身邊有這樣的人，那就全心全力投入這個工作，日後在各種層面上都對自己的資歷或組織裡的地位有利。

有些工作只要出力六成即可

另一方面，如果身邊完全沒有這樣的人，到底該不該全力投入這項工作呢？**為了做出判斷，就必須以第二個準則＝「是否帶來成長？」來檢視**。

即便這個工作不會在組織裡形成對自己的評價，但若能獲得經驗或技術的價值很高（關於獲得的技術種類和價值於後文說明），就可以判斷這個工作值得全心投入。

也就是說，從這兩個著眼點來看，至少只要符合一項條件，就算是「性質好」的工作。

如果兩項都符合，那就無可挑剔了。此外，如果兩項都不符合的話，那就算是「性質差的工作」了。

應該花時間全心投入的「性質好的工作」，是指能在「組織裡獲得好評價」，也能「帶來自我成長」的工作。其次是至少滿足其中一項條件的工作。

至於判斷為兩項條件都不符合的工作，就盡量逃避，不要接下，就算不得不接下，只要出六十%的力氣做完即可。

對二十世代的你來說，也許會覺得怎麼能逃避交辦的工作。如果無論如何都沒辦法逃避的話，還有一個解方，就是從眼前這個性質差的工作當中，硬是找出什麼可以學習或有趣的地方，把它轉變成「性質好的工作」。

02 工作的「性質」可由自己來改變

任何工作都可能變成養分

上一節說明如何分辨「性質好的工作」與「性質差的工作」的方法，對於「性質差的工作」只需開啟節能模式，快速處理即可。

在此，我想再提醒你一件事。那就是**工作的「性質好壞」還是由你自身來決定**。

在成長出現停滯的成熟產業，「性質差的工作」特別容易出自某些提不出新經營方針的無能上司。

換言之，當今的日本企業可說是備足了產生「性質差的工作」的環境條件。

不過，不能把「性質差的工作」之所以增加的主因全歸咎於環境因素。**因為能不能從工作中引出「好性質」，最終還是屬於個人的責任**。

同樣在成熟產業的公司、無能上司的手下工作，能夠從工作當中引出「好性質」的人和成天只會抱怨上司的人，長久下來可能會出現天壤之別的差距。

例如，同時兼具博物學家、作家的身分而大為活躍的荒俣宏先生*，他的資歷就是很好的例子。荒俣先生自慶應大學畢業後，第一份工作是任職於水產加工公司「日魯漁業」。知道荒俣先生現況的人，一定會納悶他為什麼會到水產加工公司上班？據說荒俣先生當時認為自己將來不可能只靠喜歡的博物學和怪奇文學維生，所以至少選一家和魚類有關的公司上班。本人曾表示「就算有什麼辛苦的事，只要能摸摸章魚的頭，我應該就能撐到退休」，可見對他來說，是相當實際的選擇。

可是，人生從來不是一帆風順的，一反荒俣先生當初的盤算，他進入公司後，居然被分配到與魚類無緣的電腦室。對荒俣先生來說，本業是研究怪奇文學和博物學，為了糊口才進入魚類相關的水產加工公司上

---

*編註：日本博物學研究家、翻譯家，台灣出版其著作《大便調查局》、《日本異色妖怪事典》。

班。乍看之下，電腦室的工作與他本身的成長、興趣無關，是屬於「性質差的工作」。

不過，結果荒俣先生從這個工作獲得靈感，造就了後來的成果。

「聽說是因為適性測驗才被分到電腦室，但老實說，那裡是我最不想去的部門。（中略）我報到第三天就打算辭職了。首先我完全不懂電腦用語。雖說是電腦，那是距今三十年以上的舊型機種，不記得全部的機械代號就無法操作。

不過，我生來就喜歡新事物，過了一星期後，發現操作電腦、寫程式就是『語言哲學的實踐、是一種文學』，這個工作頓時變得很有趣。總之，當初機會沒有按照計畫給我想要的工作，證明了想出這個程式的自己有多愚昧。而我發現電腦的程式是『由自己身兼機器與人的第一人稱對話』（順帶一提，如今的電腦是由不同人製作程式，就這層意味而言，屬第二人稱對話），讓我好奇心大發，深深為之著迷。」（《0分主義》〔0点主義，新しい知的生産の技術57〕，荒俣宏，講談社，第一七八至一七九頁）

筆者任職的「光輝國際團隊」在全世界對「活躍的人才」進行研究，近年來，「**學習敏銳度**」（**Learning Agility**）這項特質非常受到重視。所謂的「學習敏銳度」，以一般的話語來說，就是「以正面的態度面對新狀況」。新的挑戰、新的同伴、新的目標等等，根據統計發現，能不能以正面的態度面對這些變化，表現的活躍程度也隨之改變。

荒俣先生儘管被分配到不喜歡的部門，也曾經一度想辭職，不過短短三天後，就從新工作中發現了樂趣而為之著迷，這就是學習敏銳度高的人典型的行為模式。

抱怨「上司不給我性質好的工作」很容易，相反的，**從被交付看似「性質差的工作」中找出有趣之處，把從這項工作所獲得的經驗變成自己的血肉，其實也不是沒有可能吧**？

其他和荒俣先生同期被分配到各部門的同事們，若沒有像他一樣從工作當中找到「好性質」，後來怎麼樣了？

結果，當時一起被分配到各部門的六人在九年後只剩三人，過半數的人都離職了，對此荒俣先生回想道「他們不明白自己為什麼要做這些工作，一直無法消除排斥感，可能是沒能從工作中找到樂趣的緣故吧」。

能從工作獲得什麼，隨每個人而定

你可能會以為「性質好的工作」和「性質差的工作」的分類，是隨工作本身的內容而定，不過這完全是錯誤的想法。對於該工作的內容能賦予什麼樣的意義？從工作中可以學到什麼？其實有很大的層面取決於個人的想法而定。

比方說，安排會議的時間和場所、通知出席者、開會中製作會議紀錄，這樣的行政工作和被邀請來參加會議的出席者比起來，似乎單調又不起眼。

不過，實際上沒有比這還掌控權力的立場了。比方說，二十世紀前半在蘇聯掌握專制政權的史達林就是個很好的例子。經歷了俄國革命的蘇聯在領導建國的列寧辭世後，從接班人的競逐中脫穎而出的人，不是頂著明星光環的托洛斯基，而是從事單調行政工作的史達林。

掌握何時舉辦什麼樣的會議，決定誰來參加、誰不能參加，等於實質掌握了情報的權限。史達林沒有華麗的口才和使人狂熱的政治思想，乍看之下，就如一般行事低調的行政人員，但他應該注意到事務局的書記工作其實掌握了權力的關鍵。

所以不能單從表面來判斷工作內容的「性質好壞」，甚至不該這麼做。

到頭來，能不能把手上的工作轉變成「性質好的工作」，還是隨著本人的想法和學習的心態而定，這一點請不要忘記。

03 什麼是到哪裡都適用的技術？

技術有分三種類

關於「性質好的工作」能帶來成長，前面已經說明過。但若因循這個說明，而認為所有能獲得技術的工作都是「性質好的工作」，是很危險的想法。

因為技術分成三種類，各個擁有的價值大不同。

第一種是適用於公司的技術，稱之為「第一類技術」。接著是適用於該業界的技術，屬於「第二類技術」。最後是不論什麼行業，世界各地都通用的技術，稱「第三類技術」。

當今的公司壽命越來越短，所以預設自己所屬的公司能存續到你退休的時候，一頭顧著開發只有該公司適用的技術是很危險的。

努力工作自然會連帶提升技術，但如果各位只精進第一類技術的話，這個技術遲早都會變成不良資產。

這是為什麼呢？我舉個只適用於公司的技術為例好了。

我曾和日本某大企業進行專案的合作，這家企業有個慣例是，開會的資料要統一彙整成一張A3大小的紙張。若是使用國際標準規格的A4紙來製作資料，負責的窗口說「因為不是慣用的A3尺寸，所以讀不進去」索性就不看了。

這愚蠢的習慣不知為何如此根深蒂固，總之因為這個規定，當我看到行政人員總是在董事會的前夕熬夜，忙著把資料歸納成一張A3紙，真是驚訝到差點從椅子上跌下來。

照理說，用來判斷報告可行性所需的資訊量應該隨著各個案件而有所不同，但這家公司無論如何就是墨守成規，堅持一定要歸納成一張A3紙。

我覺得很妙的一點是，若是把過多的資訊量歸納成一張A3紙上，那還算好，萬一遇到資訊太少的情況，文字不夠填滿一整張紙，空白處當然就會顯得太多。但這同樣不被允許，所以A3紙還是得密密麻麻布滿了細小的字體，整理成剛好的資訊量才行，而這樣的作業只是徒增勞力罷了。

不用我多言，這種技術當然只適用於這家公司，只要一換職場，無疑變成不良資產。

為了不被變動的世相所左右

第二類技術是指在該業界當中通用的技術。

譬如，證券分析師的證照在金融機關的業界不管到哪一家公司都是有用的技術，或是像商業設計的能力等等，都屬於這一類的技術。

第二類技術的有用性與該行業整體的趨勢有關。廣告公司的業務員就是個簡單明瞭的例子。廣告公司的業務員擔任客戶的窗口，是聯絡各事項的中樞並負責籌備活動等，但我個人認為在不久的將來，廣告公司將不再需要業務員一職。

原因非常簡單，因為用機器來管理資訊的流通更加便宜實惠。今後十到十五年間，會有為數不少智能性的職業被電腦取代吧。

那麼，究竟有哪些職業容易被電腦取代呢？很令人好奇吧？為了做出正確的判別，首先必須了解電腦的原理，知道電腦擅長什麼、不擅長什麼才行。這裡礙於篇幅的關係，不多加贅述，以簡明的話來說，可以這麼認知——「需要創造力的工作」不容易被電腦所取代。

後文會再詳述，其實我個人認為社會趨勢的預測往往都會失準，所以只覺得「哦？這樣啊？」並不太在意，但還是在此列出牛津大學研究人工智慧的副教授所製作的「可能被人工智慧取代的職業」清單，作為參考。

看看第七十二頁的這份清單，應該會注意到其中包含了不少符合分類是「第二類技術」的職業。

如律師事務所的法務助理，目前已知有相當的程度被電腦取代，其他行業也包含看似不容易被電腦取代的職業，像是美甲師等，實在令人玩味。

回到正題，第二類技術是「在業界當中可以橫向活用的技術」，雖不怕轉職後變成無用的技術，但也必須意識到隨著整體業界的浮沉，技術的資產價值可能大幅變動。

〈主要的「會消失的職業」與「會被取代的工作」〉

- 銀行的融資業務員
- 體育裁判
- 不動產仲介
- 餐廳的帶位服務生
- 保險審查人員
- 動物飼育員
- 電話接線生
- 薪資勞保的人事人員
- 收銀員
- 娛樂設施的遊客中心人員、售票員
- 賭場的發牌員
- 美甲師
- 審查信用卡申請、核發的作業員
- 收費員
- 法務助理、律師助理
- 飯店櫃檯人員
- 電話推銷人員
- 改衣店（手縫）
- 鐘錶修理技師
- 稅務代書
- 圖書館員的助理
- 文書打字人員
- 雕刻師
- 客訴的處理調查人員
- 記帳、會計、審核的行政人員
- 檢查、分類、採集樣本、進行測量的作業員
- 放映技師
- 照相機、攝影機器的維修工
- 金融機關的信用分析師
- 眼鏡、隱形眼鏡的技術人員
- 調配、噴灑農藥的技術人員
- 製作假牙的技術人員
- 測量技師、地圖製作技師
- 園藝、管理用地的作業員
- 建設機具的操作人員
- 銷售人員、報紙小販、攤販

讀到這裡，我想你已經明白能直接為自己的人生帶來豐碩成果的是第三類技術，即「到哪裡都適用的技術」。

辨別工作性質的時候，能不能獲得第三類技術，是一大重點。如果認為能透過這項工作習得第三類技術，那就應該全力以赴去做。**這裡「全力以赴」是重點**。因為這項工作是「珍貴少有的成長機會」，為了從這個機會獲取最大的回饋，必須全心全力投入去完成。

下一節我會解說「時間的組成」，時間的組成當中，有高低起伏的變化很重要。

無能上司交辦性質差的工作可以敷衍了事，但如果一樣以漫不經心的態度錯失應該「大顯身手」的機會，那只是個搞不清楚狀況的笨蛋而已。

工作之所以要有高低起伏，就是為了要把能量集中在「千載難逢」的機會上，所以當你判斷能獲得第三類技術時，請好好賣力工作。

04 想成為菁英就不要「加班」

產生良性循環的時間運用法

雖然平常工作也是很忙碌，卻好像一直做不出什麼成績來，如果你有這種感覺，建議重新檢視看看自己的時間組成。如果每天都照著昨天的時間組成過日子，那永遠只是活著跟昨天一樣的人生。

想改變人生的話，無論如何，先改變時間的組成。

社會上，有些人看在旁人的眼裡，三兩下就做完工作，享有充分休閒時間的同時，精神上、經濟上都過著富裕的生活。相對的，也有不少人工作到疲累不堪，卻沒有因此獲得充實感或幸福感。從後者的觀點來看，應該會覺得前者明明看起來不是那麼忙，為什麼能做出這樣的成果來，實在不可思議。

其實，正因為他們把勞力集中在重要的工作上，率性地刪減其他雜務，才能獲得這樣的富裕（本書不單以年收等金錢上的報酬為度量成功的標準。本書以下所稱的「富裕」是統合精神與經濟上的豐饒概念）。

若不集中焦點，隨機地投入上門來的工作，那也只是被公司和社會當成好用的齒輪利用、消耗而已，難以獲得充實感或幸福感。

平常忙得團團轉，但總覺得有空虛感，回頭一看，好像沒有獲得什麼成果，有這種感覺的人最好重新確認一下自己的「時間組成」。透過製作時間組成表，就能明白自己被時間小偷竊取了多少時間、該守備哪裡了。

有些人看在旁人的眼裡，並沒有付出過人的努力，卻能俐落處理好公事，締造優秀業績，同時也懂得享受人生，我們先來分析看看這種人的生活型態。

請看圖一。縱軸是「工作」、「休閒」、「睡眠」的活動項目，橫軸分成「性質好」和「性質差」。

圖一 良好的時間組成表

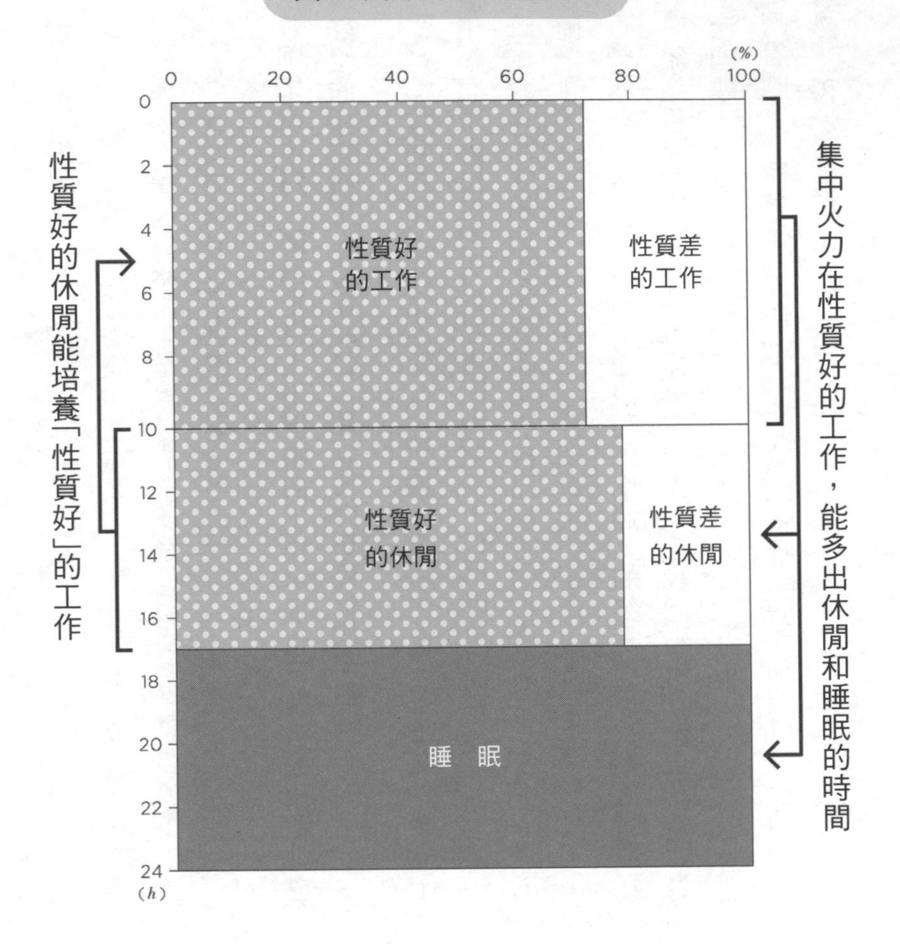
(%)
0
20
40
60
80
100
0
2
4
6
8
10
12
14
16
18
20
22
24
(h)
性質好的工作
性質差的工作
性質好的休閒
性質差的休閒
睡　眠
性質好的休閒能培養「性質好」的工作
集中火力在性質好的工作，能多出休閒和睡眠的時間這裡所稱的「性質好」如前文所述，是指能為自己帶來「富裕」的活動；另一方面，「性質差」是指不能為自己帶來富裕、反成為他人的富裕或是不為任何人帶來富裕的活動。

然後，我們來看看「工作」、「休閒」、「睡眠」的平衡狀態，工作十小時、休閒七小時、睡眠七小時。其中，工作的時間其實不算短，但也並非特別長。

另外，可知他們有充足的睡眠時間。結果產生了七小時的休閒時間，這部分並沒有太顯著的特點。

相對的，可以看出特點的是「性質好壞」的構成比例。這種人的時間組成在工作、休閒方面，性質好的活動佔比非常高。

他們有意識到要盡量提升「性質好的工作」和「性質好的休閒」的構成比例，且策略性地降低「性質差的工作」和「性質差的休閒」的構成比例。

請注意時間分配表內個別的活動都會互相影響。他們率性地斷捨離性質差的無謂工作或休閒，確保了足夠的睡眠時間，就能維持專注力在工作和休閒上全力以赴。

而且，由於平常致力於性質好、有意義、帶來成就感、有價值的工作，所以也不用為了解悶或消除壓力把休閒時間花在無謂的消費上，而把時間用在能夠提升感性或視野的優質休閒活動上。

結果，從休閒活動所獲得感性或視野的提升會反映在工作上，就能獲得更大的成果。有成果，收入就會增加，能體驗更優質的休閒活動。

一旦組成了良好的時間分配，時間組成就像是自己會成長似地逐漸進化。

產生惡性循環的時間運用法

另一方面，明明也很忙卻做不出什麼成果來、煩惱看不見未來的人，他們的時間分配表如圖二。

首先，我們來看看「工作」、「休閒」、「睡眠」的平衡狀態，「工作」是偏長的十二小時，而「睡眠」只有短短六小時，結果產生六小時的休閒時間。相對於前面的「良好的時間組成表」，工作時間多了兩小時，睡眠和休閒時間各少了一小時，很難說差異不大。

相形之下，這些人的時間組成表有一個大問題是，「性質的好壞」的

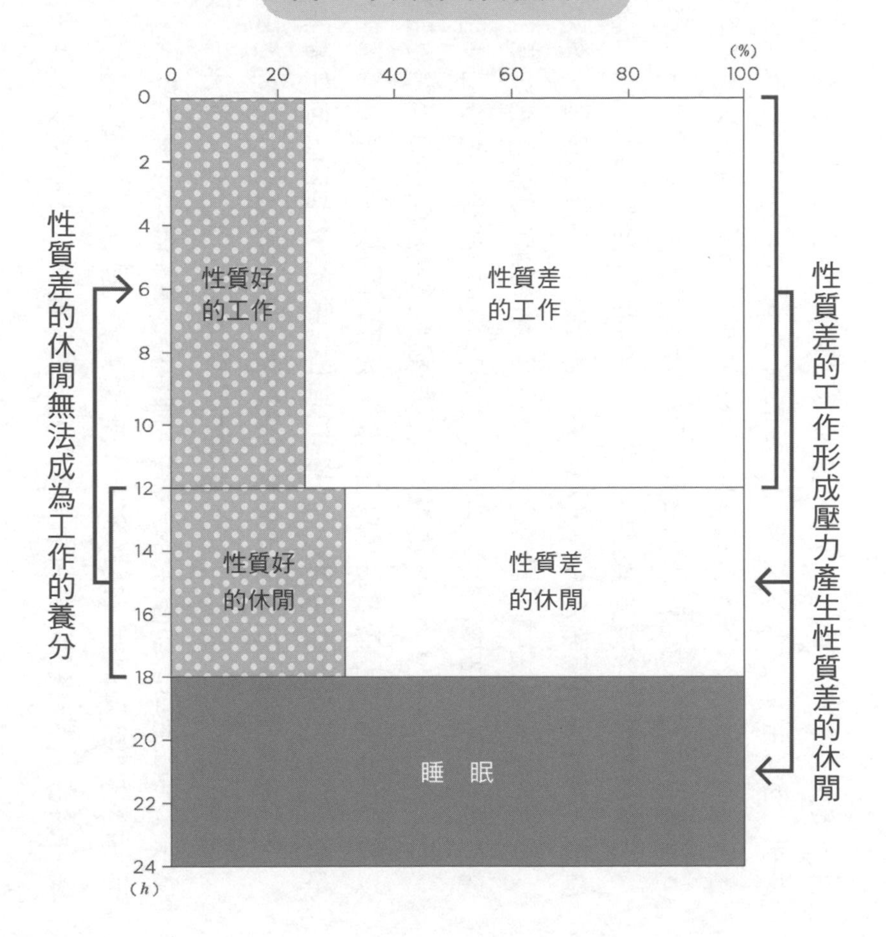
圖二 不良的時間組成表
(%)
0
20
40
60
80
100
0
2
4
6
8
10
12
14
16
18
20
22
24
(h)
性質好的工作
性質差的工作
性質好的休閒
性質差的休閒
睡 眠
性質差的休閒無法成為工作的養分
性質差的工作形成壓力產生性質差的休閒

構成比例。不管是工作還是休閒，「性質差」的活動佔比太高。如前文所言，這類「性質差」的活動，無法為自己帶來富裕，甚至反而徒增他人的富裕，所以如果一直維持著「性質差」的活動佔比過高的時間組成，不管多麼努力工作，還是無法提升自己的豐饒。

這些「性質差的活動」會互相影響，降低時間組成整體的價值。

無論如何，「性質差的工作」無法讓人感受到工作意義和成長，只是增加徒勞感。因此，休閒時間大多以解悶或暫時紓壓的活動為主，難以得到能夠提升自我感性和增廣視野的充實體驗。

結果自然也很難從休閒活動獲得刺激或人脈，運用於工作並做出成果來，所以越加埋沒於缺乏意義、只有徒勞感的工作中。

此外，睡眠時間也相對較短，工作壓力大會使睡眠品質變差，於是造成「老是覺得疲累無力」的狀態，工作和休閒都無法好好發揮專注力。

結果，雖然這些人算是努力工作，但做不出什麼「亮眼」的成績來，只好在組織或公司裡浮沉，逐步走向不安感環伺的人生。

前文提到「良好的時間分配在組成後就會自己成長」，相反的，不良的時間分配則是「不去管它就會日益惡化」。

明明很努力工作卻覺得沒有成長的人，請重新審視一下自己的時間組成狀態。

05 不要只顧著把工作效率化

越是追求效率化，損失越大？

前文說明了工作繁忙卻一事無成的原因在於「時間組成」。還有一點要再提醒你，就是「時間的效率化」。

應該有很多人認為自己拿不出成績來是因為效率太差吧。不過很可惜，擁有「不良的時間組成」的人不管有多想增進時間的效率，還是無法防範時間小偷竊取人生。

原因很簡單，因為藉由提升效率而多出來的時間，都變成了他人的富裕。這一點非常重要，請記得常常提醒自己。

所謂「不良的時間組成」，簡言之，就是把太多的時間浪費在他人的利益上。

維持著這樣的時間分配，就算提升效率，也不能增加自己的「富裕」。

就像被壓榨的奴隸提升工作效率所得到的財富，全都還是雇主的財富。你也許會覺得這個比喻太極端，但這只是程度的問題，本質上其實是一樣的事情。

立場屬於被壓榨大部分勞動成果的人在思考效率之前，應先運用智慧和時間想想如何脫離「被壓榨的立場」、怎麼奉還壓榨者，一心設法增進眼前工作的效率，也無法增加自己的富裕。

沒意識到時間的組成分配，就算力圖效率化，只不過是擴大壓榨的規模，可以說反而是很危險的。

逐步縮減性質差的工作

要是誤解我的意思就不好了，所以再次強調一下，我並不是說「追求效率化沒有意義」。

問題在於效率化的成本效益和先後順序。

我們先就成本效益來思考看看。打個比方，假設某個人的時間組成是，能為自己帶來成長和評價的「性質好的工作」有二十％，相反的「性質差的工作」佔八十％。為了追求效率化，把生產力提升到一・二倍，那麼，從時間組成所增加的個人資產便是二十％的〇・二倍，也就是比原先多了四％。生產力明明大增了二十％，可是回饋到自己身上的只有其中的四％而已。

另一方面，相同的情形發生在不同的時間組成上又會如何呢？

如果從佔工作時間八十％的「性質差的工作」當中，轉化二十％變成「性質好的工作」的話，這二十％就能直接形成「自己的豐饒」，原本的二十％升至一倍的四十％。因此，即便一味提高生產力，原本的二十％只能提升到二十四％，但只要重新檢討一下時間的構成比，二十％就能大幅改善到四十％。

與其不改變時間的組成，只顧著提升一・二倍的生產力，不如像前文一樣，稍微改變時間的配比，效益更好。

所以才說「一味追求效率化是沒有效率」。

此處，問題的癥結出在「先後順序」。繼續著不良的時間組成的話，即使花再多心思追求效率化，也得不到多大的成效，反而只是取悅了時間小偷而已。

若要思考如何提升效率，必須先檢討時間的組成，提高性質好的活動比例。

我不會說追求效率化是無謂的努力，但那只對「擁有良好的時間構成比」的人有效。花太多時間在幫他人致富的活動上、擁有「不良的時間組成」的人不管多努力促進工作效率，他們所提升的生產力大部分還是成了別人的利益。這一點請牢記心上。

06 丟掉「上司很偉大」的信念

日本是世界首屈一指的「上司權力強大國」

到目前為止，闡述了有關性質好的工作與性質差的工作，而性質差的工作之所以會產生，主因之一是「上司」的存在。

日本人尤其是在企業工作的上班族，通常都無條件地認為「上司很偉大，必須尊重才行」，不過上司真的很偉大嗎？

其實這個認知（信念），就是無法終止「性質差的工作」持續蠶食人生的一大因素。

這個信念也就是覺得「上司很偉大，必須尊重才行」的程度，已知會隨著國家、民族的不同而異，荷蘭的心理學家吉爾特・霍夫斯塔德（Geert Hofstede）受ＩＢＭ的委託，在約六十個國家針對上司與下屬的關係進行調查，把「下屬認為應該尊敬上司」的程度予以指標化，定義出「權力距離指數＝ＰＤＩ」（Power Distance Index）。根據霍夫斯塔德的說法，這個權力距離指數顯示出「各國的制度或組織中，權力小的成員預期權力不平等的狀態與接受的程度」。

比方說，像英國這種權力差距小的國家，人與人之間的不平等會被盡量壓制在最小的限度，企圖分散權限的趨勢顯著，下屬會期待上司在下指令前先討論一下，不太接納特權和階級的象徵。相對於此，在權力差距大的國家，反而是希望人與人之間存在著不平等的狀態，權力弱勢者依附支配者的傾向強烈，走向中央集權化。因此，權力距離的差異在職場上對上司、下屬的關係影響甚大。

此外，對於近二十年來讓許多日本企業難以適應的「目標管理法」（Management by Objectives）*，霍夫斯塔德也指出「在權力距離指數小的美國開發出目標管理法的制度，是以下屬和上司能處於對等的立場討論為前提，但在權力距離指數大的文化圈裡，這樣的場面會讓上司和下屬感覺

---

* 譯註：上司與下屬共同決定具體的績效目標，並定期檢視進度的管理法。

不自在，幾乎無法起什麼作用」。依據霍夫斯塔德的調查，七個先進國家的權力距離指數如下所示，不難想像日本的分數果然名列前茅。

法　國：68
日　本：54
義大利：50
美　國：39
加拿大：39
舊西德：35
英　國：35

附帶一提，除了這七大工業國之外，中國、台灣、韓國等亞洲國家和哥倫比亞等南美國家的PDI也很高。主要的原因是宗教思想造就了深植人心的「行為模式」，總歸一句，就是「天主教影響大的拉美國家與儒家思想影響大的亞洲各國，其權力距離指數也較大」。

推動社會前進的不是上司，是年輕人

令人玩味的是，這個排行榜與各國競爭力、創新力的排名恰好成反比。

也就是說，年輕人認為「上司很偉大，必須尊重才行」的程度越高，該組織的競爭力越低落。

各位受到社會上的常識、道德或倫理的約束，認為「應該這麼做」而去做的行為模式其實會損害組織和社會的潛在競爭力。

這一點在我另一本拙著《世界最創新的組織製造法》（世界で最もイノベーティブな組織の作り方，光文社出版）當中也有提到，過去社會上掀起的新創事業大多都是二十至三十歲的年輕人發揮領導力所實現的。

那麼，這些新創事業在發生的過程當中，四十歲以上的資深主管應該做什麼？其實他們應該扮演支援者的角色。

換句話說，「提出創意、引發創造」的是年輕人，為了實現創意，負責「調度好人力、物力、金流等經營資源」的是資深主管，兩者所能做出的貢獻不一樣。

當你想要「斷捨離性質差的工作」時，內心多少會產生抗拒，這種心理上的抗拒是因為與「信念＝上司很偉大，必須尊重才行」發生衝突所導致。

可是，這樣思考下去的話，我不得不直言「上司很偉大，必須尊重才行」的想法還是丟了比較好。

07 完全聽從上司指示的人之後必吃虧

■不要全盤接受上司的話

筆者所任職的「光輝國際集團」每年會在世界各地對多達數萬人的管理職等高階主管進行評比。從評比的結果可知「日本企業的管理職是世界最低的水準」。管理職普遍呈現停滯的狀態，也就是「性質差的工作」大量產出的主因。

所謂管理職的工作是設定組織的目標，決定到達的路徑，在路途上賦予成員任務，支持他們加入這個活動的動機並給予指導。

但是，有不少位居管理職的人完全不做這些事，只是把下屬當成好用的工具人使喚。本書把這種上司統稱為「無能上司」。

無能上司不僅缺乏商業敏銳度，還搞不清楚自家公司所面對的課題

應有處理的先後順序，一時興起就脫口說「做這個、做那個」，但這些工作通常沒什麼意義。這一類的工作就是典型的「性質差的工作」，不管多努力去做，個人在組織裡的評價不會提升，也不是會帶來成長的好經驗。

我想起了我任職於電通公司時期的上司。電通公司是一個非常龐雜的組織，員工從讓人懷疑智商高達兩百的超優秀人才到簡直對社會沒絲毫貢獻的人都有，我曾在這兩種極端類型的上司手下工作過，接下來要分享的小故事，當然是關於「後者的上司」。

我剛進電通公司時，被分配到行銷規劃的部門，有一天，部門的主管把手下的新進員工都召集到會議室裡，這麼說：「最近，我覺得企業應該要重視跟地域社區的關係，所以想請你們想想電通能為地方做些什麼事。比方說，秋天時所有的員工都上街掃落葉、撿垃圾啦，請你們準備一些這類的企劃案。」真教人啞口無言。

雖然問題意識的前提並不壞，但他想把蒐集到的企劃案拿去給其他高層看的意圖昭然若揭，而且叫新進員工代為想企劃的做法也不好。**這就是典型的「組織內無法獲得評價」且「不能為自己帶來成長」，所謂「性**

質差的工作」。

老實說，當時我還很青澀，既然主管這麼指示，就覺得應該要想想辦法，而且還相當焦急（現在的話百分百忽視），在繁忙的公務中，特地抽空到地方上的公民會館找館長討論「做什麼事會讓居民覺得開心」，但還是不得不說這是一項「性質差的工作」。

同時，我也想起那時一位非常冷靜的同期同事說的話。

這位朋友現在仍非常活躍於廣告業界，一派輕鬆地對著心急「沒有好點子」的我說：

「你還在做那件事啊？不要做了啦！別管它，之後就會自動消失了。反正那種企劃不會受到肯定，那個上司鐵定只能升到這個職位就沒了。」

在組織裡俐落愉快地工作，獲得好成果且逐步升官的人就像我這位同事，而抱怨努力工作卻一事無成，得不到好評價的人就像當時的我。

我想這樣的比喻非常淺顯易懂。

08 適時的「隨便、忽略、逃避」是必要

保護自己不被無能上司拖累

上一節提到日本的管理職是世界最低的水準，因這些低水準的管理職即無能上司的存在，才會產生這麼大量的「性質差的工作」。這一節將針對如何因應這種無能上司，進行思考演練。

首先，基本的前提是，無能上司的問題應視作一種為自己爭取人生的自衛手段。那麼，我們可以有什麼應對的方法呢？

這裡介紹三種基本的對策有①消極應對法、②積極應對法、③極端應對法。

對策① 消極應對法

「消極應對法＝被動處置法」也就是徹底「敷衍了事」的方法。前文已經說明過，在無能上司的手下工作，不管多努力打拼，在組織內的評價不會上升，也缺乏會帶來成長的好經驗。在這樣的環境條件下為工作盡心奉獻，不過是在浪費人生。

把自己的引擎切換到省電模式，徹底追求低燃料費是第一個選項。

然後，把省下來的能量拿來充實休閒活動，作為將來的養分，像是重新學習外語亦不失為一個好選擇。

消極法的重點是「徹底地敷衍了事」。無能上司的腦筋不太靈光，卻不願承認，所以跟部下溝通時，發言常讓人惱火，如果每次都一一反駁，那正是所謂「性質差的工作」。

即便無能上司交代了你覺得無意義的工作，請忍住想要反問「這個工作有什麼意義？」的衝動，當作是「訓練情緒的好機會」，不要大唱反調，快快敷衍了事就好。

人生需要起伏變化。

持續在無能上司手下賣力工作，不僅得不到回報，搞不好還會造成心靈受創。人生也有必須「逆來順受」的時期。

這一點在我另一本拙著《外商公司顧問的知能生產術》（外資系コンサルの知的生産術，光文社出版）也有提及，愛抱怨自己明明很努力卻得不到肯定的人，大多是「什麼都考八十分」的人。不過這種戰術絕對行不通，懂得在不重要的局面得六十分，在決勝的關鍵拿一百二十分，對人生是很重要的事。

說到日本職棒史上給人華麗得分印象的打者，首推長島茂雄，但其實長島茂雄的平均打擊成績不論是打擊率或全壘打數，都無法排進歷代的前十名。

這個例子告訴我們「記錄」和「記憶」的差距有多大。在企業的組織裡也是一樣，**人的評價不是靠「記錄」，而是在關鍵的場面，工作的成績讓人留下深刻的印象，換句話說，別忘了「記憶」的重要**。

在無能上司手下持續努力拿八十分也只是增加自己的徒勞感，反而可能在該拿一百二十分的關鍵時候無法火力全開。所以，在無能上司手下工作時，刻意放慢腳步，徹底執行低燃料運轉，是第一種應對法。

被無能上司這樣耍得團團轉，被動地工作，無疑就是一種「性質差的工作」。可是，話雖如此，長期採用消極應對法的壞處也很大，要特別當心。

在上司和工作內容都不盡如人意的情況下，把為工作付出的心力壓到最低限度，以充實休閒活動，就中長期而言，也就是把時間花在能豐富自己人生的活動上，確實算是合理的做法。

但是，這種做法頂多可以撐一年左右，我認為採取消極應對法超過一年以上的時間是危險的。

這是為什麼呢？因為人終究只能透過工作來成長。這一點之後會再詳述，**根據現有的研究可知，人的成長大約有七成是透過工作的體驗所獲得，靠自學頂多只能獲得一成左右**。

也就是說，減少「性質差的工作」，利用休閒時間來學習彌補的因應法是有極限的。

筆者親身的感受與此一致。其實我自己在二十五歲後，也曾有一段採用消極應對法的時期，實行這個方法能維持充實感約莫一年的時間，到了第二年開始覺得「這樣下去好像很不妙」，於是在公司裡策劃了一些案子，但最後還是決定離職。

所以，不敢說有什麼實例可以佐證如果繼續實行消極法將會如何，搞不好會變成死腦筋、愛雄辯、要緊的工作做不好……那種不管什麼公司都可見的名嘴型麻煩人物也說不定。

總之，消極法是暫時性的對策，長期採用這個方法的話，可能連自己也會變成無能上司的後補人選。

這麼思考的話，如果被派到無能上司手下工作，必須判斷在那裡工作的期間會有多長。人事異動的時間和頻率隨各家公司而異，建議大家在各自的崗位上思考看看。

■ 對策② 積極應對法

接著，守護自己人生的第二個對策是「積極應對法」。**這個方法是，自己搶走無能上司的職責，實質上成為無能上司的上司的直屬部下，視情況也可以當自己是社長的直屬人馬來行動**。

如果消極應對法是「敷衍了事」，那積極應對法就是「做過頭」了。如前文所言，無能上司設定課題的能力極低，無法為公司訂出有意義的

「工作目標」。

於是，由自己取代無能上司設定團隊的工作先後順序，也靠自己管理進度，就是積極應對法。

這個應對法乍看起來，好像會激怒無能上司，但從我的經驗得知其實不然，無能上司反而覺得高興的情形並不少見。

因為取代無能上司設定工作課題，如果做出讓周圍為之驚艷的成績，無能上司的評價也會升高一時。機極應對法的基本想法是，團隊所提出的成果某種程度上讓無能上司感到風光，但暗地裡是為了排除無能上司所進行的政治活動。在這種狀況下，必須和無能上司的頂頭上司或組織裡的核心人物好好溝通，讓對方知道工作的成果屬於自己，無能上司向來只是擾亂的因素而已。

本書一再闡述「性質好的工作」是符合「帶來評價」、「帶來成長」其中一項或包含兩者的工作，利用這個積極應對法的話，至少能達成「帶來評價」的條件。

■ 對策③ 極端應對法

最後，守護人生不被無能上司耽誤的第三種方法是「極端應對法」。**這是藉由轉職或調職逃離無能上司的方法**。既然叫作極端應對法，的確是最激烈的辦法。運氣不佳像抽到鬼牌般遇上無能上司的人，很容易一時性急就選擇這個方法。不過不用我多費唇舌，換工作當然也有很大的風險。

我只是感到疑惑，有必要為了無能上司冒這麼大的風險嗎？

這一點在拙著《睡著等天職》（天職は寝て待て，光文社出版）也有提到，轉職可分成「進攻的轉職」和「逃避的轉職」。「逃避的轉職」大多沒有什麼正面的結果。而且，為了逃離無能上司而另謀出路，可說是最典型的「逃避的轉職」。

我認為最好先嘗試以消極應對法和積極應對法磨合看看，若真的還是演變成無計可施、難以忍受的狀況，再採取極端應對法比較好。

09「可用之人」終究派不上用場

■組合兩種應對法，提升成長幅度

目前為止，為運氣不好遇上無能上司的人，說明了消極應對法、積極應對法、極端應對法，三種因應的對策。

這裡必須強調一點是，**在企業組織裡嶄露頭角的人，很多都是組合使用了消極應對法和積極應對法的人。**

重點是並非選用其中一種，而是同時兼具兩種的方法。而且，至少我可以肯定地說，只採用消極應對法是絕對無法在組織裡出人頭地的。

如前文所述，消極應對法算是期間限定的活動，永久持續下去的話，還是無法守護自己的人生。

告訴你一件有趣的事吧。我有個奇特的興趣是詳查成功人士的自傳或資歷，於是攤開成功人士的人生經歷一看，發現很多人都組合了消極應對法和積極應對法。

例如，我讀了當今在國際上享譽盛名的建築師安藤忠雄的自傳，書中他提到自己年輕時曾經失業，沒辦法只好經常獨自出門旅行，一邊思考世界和日本的問題（＝消極應對法），但另一方面，他也曾多次自作主張帶著建築的工程規劃向地主或大樓的業主提案（＝積極應對法）。

又或是ＳＯＮＹ的前會長兼ＣＥＯ的出井伸之先生，查閱了他的資歷後，得知他被降調到無能上司的手下、懷才不遇的時期，也曾擅自製作分析ＳＯＮＹ經營策略問題的報告，呈送給社長以下的高層主管（＝積極應對法）。

不要被上司所設定的框架限縮了

成功人士的資歷當中，經常妥善組合運用消極應對法和積極應對法。仔細想想看的話，的確有幾分道理可言。沒有人持續被動地工作還能獲得成功的。在結構上，這也是理所當然的事，因為如果只以消極被動的態度在工作，那工作上的成就全都是交辦者「上司的功勞」。

不管是多困難的工作，被動地完成的話，成功的果實都不算是自己的。頂多被交辦者的上司評價為「可用之人」，人事部審核績效獎金時調高一點而已。

在組織裡能打破階級基石的人才，都是自己設定了超出上司設定的範圍的工作計畫，然後予以實現。

重要的是，取得消極與積極的平衡。

在重要的場面虛應敷衍無法獲得成長，而處境不利時，拼命努力工作只也是白忙一場，平添徒勞感。

關於戰術的策略，孟子曰「天時（時機）不如地利（環境是否有利），地利不如人和（與同伴的團結感）」。職涯也是一樣，順應時機、情勢、夥伴的條件，有加足火力的時期和放慢步伐的時期，需要高低起伏的調配。

10 建議當個「認真的問題學生」

認真並非最妥善的作為

如前文所述，我建議年輕人對無能上司交代的工作，適度敷衍交差，或是乾脆忽略，自己創造能建功的工作。這樣的建議曾被人反對說「做不出這麼不認真的事」。

但是，我絕不認為這樣是「不認真」。

這是個好機會，我想在此說明一下我所認為的「認真」。

首先，「認真」有兩種，就是「對自己人生的認真」與「對所屬組織的認真」。

例如東芝造假帳事件和三菱汽車隱藏缺陷的事件都陰險惡質地觸犯了公司法，是屬於後者，也就是「對組織很認真的人」。

人們常說「這種人如果卸下組織的包袱，以個人的身分見面，大多也只是個有良知的平凡人」，但就筆者的經驗來看，並不認同這個說法。

因諮詢顧問的工作，我曾接觸過違反公司法的當事人，發現「對組織認真的人」在自己的心中，徹頭徹尾沒有明辨善惡或價值觀的標準。

聽到「那個人好認真啊」這種話語時，我們腦海裡浮現的印象是「誠實遵守組織或社會規範、負責任且努力的人」。

不過，事實上，這種刻板印象中的「認真的人」主導了如違反公司法等社會犯罪，令我們反思：「到底什麼是認真？」

以自己的頭腦思考行動

這裡必須進一步再思考的問題是，對我們而言「什麼是認真」。

一般來說，稱讚「那個人好認真」時，我們會浮現「遵守組織規範、守法誠實工作的人」這樣的印象。不過，如前文所言，日本的管理職有四成是無能上司，不會設定經營課題也無法決定部門課題的先後順序，所以經常發生下屬難從交辦的工作找到意義的事態。這樣的狀態下，如果有人明知聽從無能上司的指示是無意義的，但仍照指示投入工作。

假設這個人是A先生好了，可以說這位A先生是真的「認真」嗎？為了理清思緒，我們再假定有一位相反的人物。

在相同的狀況下，有人判斷聽從無能上司的指示對公司和自己都沒有意義，於是忽略無能上司的指令，以自己的思考採取行動。假設這個人是B先生，那B先生和A先生到底誰才是真正的「認真」呢？

看在旁人的眼裡，A先生每天乖乖處理無能上司交代的工作，看起來「很認真」，而B先生一天到晚被無能上司罵「照我的話去做！」卻一臉馬耳東風、挖著鼻孔愛理不理的樣子，看起來「不認真」。

不過，若是深入問題意識的層面，思考看看會如何？

A先生認為「只要做交辦的事就好」，沒在思考公司和自己的成長；而B先生認為「若聽從上司的指示，所屬部門和自己的表現無法提升」，所以真正有誠實面對組織或自己的課題的人，明顯是B先生才對。

這樣思考還是覺得A先生是「認真」的話，我認為不太恰當。A先生的確是「模範生」沒錯，但並非「認真」。**因為他沒有抱持問題意識，即使有，也沒有誠實以對。**

相對的，B先生確實不是「模範生」，甚至可以說是「問題學生」，但他是「認真」地面對自己的問題意識。

最後，我想這兩者中要採哪一種型態而活，屬於個人價值觀的問題，不過就「幸福且成果豐碩的職涯」這個觀點而言，「認真的問題學生」常常對照自己的問題意識和價值觀，靠自己的頭腦判斷工作該做還是不做，比起完全相反價值觀的「不認真的模範生」，應該更容易實現目標才是。

11 該做的努力和不該做的努力

你到底該不該努力？

一般而言，「努力」這個詞彙通常會無條件地被肯定，但「努力」真的是好事嗎？

應該有很多人對經濟評論家勝間和代女士和心理學家香山女士的爭論還記憶猶新。

爭論的起因是，勝間女士鼓勵大家「像我一樣努力，獲得經濟上的自由吧！」而香山女士則持反對的意見說「不用努力，不要立志成為勝間和代」。雙方的主張南轅北轍，可笑的程度甚至讓我懷疑他們是不是套好招的，一邊旁觀著心想「這簡直算是一種裝傻與吐槽的新型相聲了」，各位對這場議論哪一方的說詞有同感呢？

這場議論之所以如此熱烈，我想正反映出社會大眾對於「努力真的是好事嗎？大家都應該努力嗎？」這個議題抱持著高度的關心。

我想在本書下個結論，勝間和香山的爭論是「兩方都正確，也兩方都錯誤」。

怎麼說呢？以下說明之。兩者對於「努力會獲得回報」這一點爭論不休，但其實這個命題的架構本身有問題。

正確來說，應該是「好的努力會有回報」，要注意「不是所有努力都有回報」。

努力也有分讓人生更豐碩的「**性質好的努力**」，還有只留徒勞感和無力感的「**性質差的努力**」。

勝間和香山的爭論無論如何就是沒有交集，猶如一場鬥嘴的相聲，勝間女士主張「性質好的努力能改變人生」，而香山老師反駁說「付出性質差的努力只會留下徒勞感和無力感」，所以這兩人其實看著「不一樣的東西」在打口水仗。

打個比方，就像舉出經典電影說「電影很好看」的人和舉出爛片說

「電影很無聊」的人，雙方的意見南轅北轍，彼此當然毫無交集。

付出「性質好的努力」

那麼，究竟什麼是「性質好的努力」呢？有兩個著眼點，那就是：

- **方向好**
- **方法好**

這兩項。

「方向好」是指自己的適性、職涯的方向與努力的內容一致。缺乏邏輯思考、概念思考能力的人，如果立志要像勝間和代女士一樣從事知識性的專業工作而努力，就是典型「方向不好」的努力。做了也只是增加無力感或徒勞感，反而可能毀掉人生，香山老師批判的就是這一點。

另外，「方法好」是指努力有效率地增長自己的技藝或知識。比方說，日本曾有一段時期，體育社團很風行以「兔子跳」[*]進行嚴格的訓練，如今我們已知這種運動不僅對增進體能無益，還可能傷害膝蓋和腰部。像這種「只有辛苦，卻不能增進技藝或能力」的努力，可說就是「方法不好」的典型例子。

後文會再詳述，坊間有一些打著「光聽就會說英語」或「一天就變聰明」的名號，標榜「速成」的技能訓練教材也幾乎都是典型「方法不好」的努力，我認為不管再怎麼重複做這些事也沒什麼意義。

總而言之，**努力能不能獲得回報，端看有沒有兼具「方向好」與「方法好」這兩項條件**。

如果有滿足這兩項條件，我就同意「努力就會獲得回報」。

反之，如果缺少其中一項，就會變成「性質差的努力」了，而且挑明地說，我認為很多人付出的努力都是少了其一的「性質差的努力」。

不論是努力的方向或是方法，你也許會覺得我好像在講理所當然的事，但你有注意到這是很重要的提示嗎？

* 譯註：類似青蛙跳的運動，差別在於青蛙跳是手放頭上，兔子跳是手放背後。

若問重點是什麼，換個說法來說，就是**所謂的「努力」，如果單純只就努力的行為或修練的內容來看，其實無法判斷出是「有意義」還是「沒有意義」**。

努力的性質是好還是不好，會隨著努力的當事者採取什麼樣的策略規劃職涯和人生而異。

也就是說，沒有停下腳步，思考一下自己人生的戰略，只是模仿周遭的人付出相同的努力是非常危險的事。

12 努力和怠惰是一線之隔

■ 才能和努力只能二選一？

上一節指出一般無條件被肯定的「努力」，其實會隨努力的內容和狀況而異，也可能完全得不到回報。儘管如此，還是有很多人認為「有努力總比沒有好」，而抱持著「因為自己沒有特殊的才能，所以必須要努力」這樣的想法。

但我認為，**努力和怠惰只是一線之隔**。

這還是比較婉轉的說法，哲學家蘆田宏直老師說得更直接了當，他不但表明「努力就是怠惰」，還說「怠惰的相反詞不是『努力』，而是『思考』」。我認為這的確是名言。

乍看之下，蘆田老師的說法好像互相矛盾，其實道理非常簡單。他指出人如果不去懷疑「因為自己沒有才能，所以要努力」這樣的刻板觀念，只是藉由世俗所認定的努力來逃避的話，這樣的努力什麼也不是，不過是知性上的怠惰罷了。

再說，這樣的思考模式也很不健全。**因為只要抱持這樣的想法，沒有成果的責任都是自己不夠努力的關係，會讓人逐漸失去自尊心**。

事實上，公司的業務流程、團隊分工，或是商品及服務的本身可能也有問題，卻把績效不彰的責任都歸咎在年輕人身上。

這也是我個人的親身經驗。我在二十五歲左右時，被公司賦予了一人無法勝任的工作量，連日加班到半夜還是做不完，頻頻出錯，曾有一段精神極度不穩定的時期。

現在回想起來，當時的業務流程粗糙、團隊的體制和分工不平衡都是原因，但當年我還青澀懵懂，煩惱自己的工作速度慢又失誤連連，是不是不適合當上班族，不如轉行去麵包店當學徒。

正確的努力就會獲得回報

認為「工作上的失敗全是因為不夠努力」的想法是非常危險的。附帶一提，黑心企業就是利用了這個既定觀念，他們會以「成功的人都很努力，業績不好是因為還不夠努力的關係」的說詞來要求員工努力到極限。目的很簡單，就是「不讓人思考」如此而已。對他們而言，心急想著「我要努力」的人突然停下腳步，開始思考「做這些事真的能帶來美好的未來嗎？」才是真正令人害怕的事。所以，**請鼓起勇氣停下腳步，好好思考自己的生活方式**。**這個行為才是蘆田老師所說的「正確的努力」**。

那麼，到底該對什麼事、如何的「停下腳步，思考一下」才能付出正確的努力呢？為了思考這個課題，我們先參考一下前跨欄選手為末大先生的提問始末。

為末先生曾斷言沒有天賦的人再怎麼努力也無法成為第一流的運動選手，引起了軒然大波。據說「小時候賽跑從來沒輸過」的為末先生，原本的目標是成為一百公尺短跑的奧運國手。可是，他在高中時面臨成績難突破的瓶頸，本來落後的選手都陸續超越他，使他開始思索是不是不管多努力都無法達成夢想。

就在這個時候，田徑隊的教練建議他轉戰四百公尺跨欄，於是便去場邊觀賽，驚訝地發現有選手在跨欄前會調整成小步伐，這麼沒效率的跑法竟然能獲得金牌，開始覺得如果是這種競技的話，也許自己能當上奧運國手。

不過，這時為末先生面臨了糾葛。

從當紅的一百公尺短跑競賽轉戰冷門的四百公尺跨欄，他開始被「逃跑」、「放棄」等自己的負面情緒所苛責。最後，面對心中的糾葛，為末先生慢慢釐清思緒「自己當初目標成為一百公尺短跑的國手是想要為社會帶來震撼。那麼，針對這個目標，選擇容易勝出的四百公尺跨欄並不是放棄，只是不同手段的選擇」，才終於願意妥協。

就結果而言，如今為末先生達成了當初的目標「想要為社會帶來震撼」，轉戰四百公尺跨欄可說是正確的選擇。

在為末先生一連串的內心糾葛和思考的過程中，其實也浮現出「性質好的努力」和「性質差的努力」的對比。

首先，毋需多言，體格上有先天的制限，仍不斷努力目標成為一百公尺短跑的國手就是「性質差的努力」。另一方面，儘管心中懷著各種糾葛，還是好好「思考」自己原本想做什麼事？如何達成目標？這就是「性質好的努力」。

請回想一下蘆田老師口中的「努力的相反詞不是『怠惰』，而是『思考』」這句話。為末先生正是擺脫了「怠惰」於缺乏策略觀的無自覺努力，開始「思考」該怎麼做才能達成目標。

乍看之下，這些活動和思考好像跟我們一般所認為「要努力」的事情不太一樣，像是為末先生被教練推薦轉戰四百公尺跨欄時，便前去國際大會觀賽，分析了競技的水準，結果認為「那種沒效率跑法的人能奪冠的話，自己也許能贏」。**這種「總之先去看一看再說」的態度，已知是成功人士普遍的行動特性**。本書後半部還會再對此詳述，史丹佛大學的克倫伯特茲教授(John D. Krumboltz)分析多數成功人士的資歷，舉出成功人士的特徵是「靈活度」和「好奇心」。

另外，**「無視周圍的雜音」可謂也是性質好的努力**。為末先生表示在日本對外公開「如果選這種比賽項目比較容易贏」的想法有很大的風險。換言之，會被人指責「動機不單純」。對於這樣的批評，自己的想法不隨之動搖也是正確的努力。

的確，日本人在心理上對於「選這種比賽項目能輕鬆獲勝」的理由來選擇競技，容易有覺得「不純潔」的傾向。

不過，這其實是很不可思議的現象。因為不管是在商場還是戰場上，這是基本的謀略。孫子曰「不戰而勝」是最高級的戰術，研究經營策略論的定位學派（Positioning School）也視「選擇利己的戰場」為提升收益最大的成功要素。人生也是一樣，思考如何輕鬆達成目的的策略明明很重要，但若以這種理性的判斷來選擇競技或職業的話，卻不太受別人正面的肯定。

綜合以上所述，努力可說有兩個層面。

第一層面是多數人聽到「努力」這個字眼時，腦海所浮現的努力。在既有的框架或遊戲規則中，大家付出相同的努力。

另外，**第二層面的努力是把既有的框架或遊戲規則轉變成適合自己的形式，付出自己獨特的努力**。這樣的行為看在旁人眼中，可能會覺得「只是在逃避」或「又在偷懶」，但對本人而言，決定不跟別人做一樣的事，忍受著孤獨，也是很不容易的努力。

然而，最終獲得成功，迎向屬於自己幸福人生的人，絕大部分都實踐了這種努力。

第3章

人際關係

因為正值二十世代，所以敢樹敵

01 不敢樹敵的人也沒有夥伴

改變世界的人都有敵人

發揮領導力就等於設定假想敵，與之宣戰。跟任何人要好的人，是好人，隨便都好的人。古今有許多為實現公平正義的世界而奉獻的領袖。如坂本龍馬、甘地、約翰．藍儂、耶穌基督、切．格瓦拉、金恩牧師等人。如果沒有他們，現在的世界也許有點不同，不過那一定比當今不怎麼美好的現況更加令人難耐。

如果把這些優秀領袖的名字一字排開，應該會發現一件事。沒錯，他們全都遭到殺害，會被殺害就表示他們「有敵人」，被人所憎恨。歷史上許多為實現公正自由的世界挺身而出的領袖們，都壯志未酬就遭到蛇蠍心腸的人暗算，失去了性命，這彷彿在告訴我們領導力的本質。

也就是說，珍稀的領導力在發光的同時也會產生陰影。尊敬、讚美的心情與同能量的厭惡、否定的情緒是一體兩面。

發揮領導力只靠「肯定」是無法成立的。強烈肯定著什麼，必然等同於強烈否定著什麼。

領導力附隨著極為強烈的肯定，無庸置疑，也等同必帶「強烈的否定」。理解這一點後，重新看看前文這些人物的話，馬上就會察覺其實他們也否定著什麼。

像是提倡「打倒幕府以開國」的坂本龍馬，面對支持幕府的「佐幕派」和排斥外國人的「攘夷派」，也不得不強烈地否定這兩方。若問為什麼必須強烈地否定，那是因為他非常堅持「打倒幕府以開國」的願景。金恩牧師也是一樣。金恩牧師的願景是希望打造一個無關膚色、人人享有平等權利和機會的社會，對他來說，白人至上主義和對黑人的歧視就是絕對必須去否定的事。

領導力通常被視為「肯定的體系」，不能說有錯，但也別忘了**強烈的肯定必然伴隨著強烈的否定**，所以才會有敵人。

「好人」就是「隨便都好的人」

我們常聽人說「要和大家成為好朋友」、「不要和別人作對」等的話語，被視為一種美德，不過這是鄉愿的心態，若一心只想著「和大家成為好朋友」、「不要和別人作對」，那什麼事都做不了。

這種人或許的確是「好人」，但同時也只是「隨便都好的人」。

這麼說可能會招致一些誤會，所以要特別提醒你。

雖然我說「不要害怕樹敵」很重要，但絕不是要你「到處與人為敵」。

這一點非常重要，請多加注意。自己為了強力肯定什麼，同時就必須強力否定什麼。這時，屬於被否定一方的人就會產生緊張，但如果因懼怕這種緊張的情勢，態度變得模稜兩可，到頭來無法堅持肯定，主張就會變得模稜兩可。

主張和態度都模稜兩可的領袖一旦與敵方正面交鋒，不少人會突然變得態度鬆動，應該沒有人想追隨這樣的領袖吧。

所以，不要懼怕緊張，該肯定的事就肯定，該否定的事就否定，但不是要你隨便亂否定別人。

因為如果身邊都是敵人，那終究一事無成，不過是個缺乏人望的人罷了。

若是本人自滿於自己的優秀，老是否定別人到處樹敵，當真的想要做什麼事的時候，就沒有人願意幫忙了。以感覺來說的話，大概是七成夥伴，三成敵人約莫還算是恰當的比例吧。

02 人脈是「好友未滿，點頭之交以上」

拓展人脈時最重要的事

對於人際關係，二十世代的各位最在意的事情之一就是「人脈」吧。大家似乎都無條件認為人脈是越廣越好，但我個人認為人脈在人生當中可有可無。人生有各個階段，對自己人生重要的人必然會在某個時期遇見，勉強去參加拓展人脈的活動只是在浪費時間，我想這也無疑是「性質差的休閒活動」。

提出知名的「需求五層次」學說的心理學家亞伯拉罕·馬斯洛（Abraham Harold Maslow），指出許多達成需求的第五層次即自我實現的歷史人物和當時還在世的愛因斯坦，有十五個共通的特徵。這十五個特徵相當令人意外，也很有意思，可惜無法全部在這裡解說。網路上可以搜尋到很多相關資料，有興趣進一步了解的人不妨查閱看看。

在馬斯洛列出的「達成自我實現的人共有的十五個特徵」當中，這裡要特別舉出「和少數的親密朋友深交」這一項目。

如前文所述，一般認為朋友、認識的人是越多越好，日本有一首兒歌甚至也出現了「升上小一後能不能交到一百位朋友？」的歌詞，不僅是成人有這樣的價值觀，還滲透到幼兒的世界去，但「朋友真的是越多越好」嗎？這是個很難回答的問題，不過至少馬斯洛指出許多達成自我實現的人，反而是「朋友少，只跟少數人建立親近的關係」。

換句話說，意思是人脈不只是「廣泛」就好，「深度」也很重要。一般而言，說到「人脈」這個字眼，大多以「人脈很廣」、「人脈很窄」來形容，也就是「廣度」是注意的癥結，但其實真正重要的是「廣度」加「深度」，即「面積」。

在此，我想介紹克倫伯特茲的研究成果。克倫伯特茲是史丹佛大學的教育學、心理學教授，以美國數百位商務人士為對象進行調查，得知成功人士的職涯形成的契機，有八十％是出於「偶然」。

意思並不是說，他們當中八十％的人沒有做職涯規劃，而是指當初不在規劃內的種種偶然造就了現在的職涯。

這裡的問題在於人脈的「廣度」和「深度」兩個層面。克倫伯特茲所言的「好機緣」是指從意想不到的地方提供了工作或轉職的機會，也就是說，此時他人基於對對方的工作態度與人格的信賴，介紹了新工作或新職場，所以人脈還伴隨著「信用」的「深度」，很難光靠「廣度」就招來「好機緣」。**重點是，要同時培養「人脈」和「信用」**。

那麼，該怎麼做才能實現呢？

克倫伯特茲指出，能促成職涯轉機的緣分，並不是來自親戚或朋友那種親近的關係，反而大多是沒那麼親近的人帶來了機會。

第一次聽到這個說法的人可能會覺得出乎意料，不過在社會科學的領域，從前就有類似的認知。例如，美國從以前就有「Weak Ties＝弱連結」對求職很重要的說法。

這個概念是美國的社會學家馬克．格蘭諾維特（Mark Granovetter）於一九七三年發表的論文〈弱連結的力量〉後而開始普及。從家人和親朋好友的「Strong Ties＝強連結」所能獲得的資訊也受限於這個圈子的範圍內，所以消息多和自己已知的事差距不大。**換言之，只和交心的親朋好友往來的話，能獲得資訊也很有限。**

相形之下，弱連結的人因為接觸到自己所不知道的業界或不認識的人，所以能帶來新資訊的可能性較高。根據格蘭諾維特的研究結果，分析出採用弱連結獲得資訊的人比採用強連結獲得資訊的人，最後找到更好的轉職工作。

也就是說，格蘭諾維特基於研究的成果，也認同「職涯的轉機來自沒那麼親近的人」此一結論。

如何建立有「信用」的人脈

那麼，為了擴大「人脈的廣度」，我們應該想辦法多增加「不親近的友人」嗎？

「增加打擊數」或許的確多少有些效果，但我認為這種方法的效率很差。我們常聽到有人積極出席異業交流會，大量與人交換名片，卻很少聽到這種人因「好機緣」而成就了職涯。此處相對重要的軸線是「信用的深度」。

就算認識再多人，若是沒有「信用」為基礎，也無法招來好機緣。關鍵是「好友未滿，點頭之交以上」的人脈。

我認為人脈要分成三個層級來思考。

第一層是「好友區」。一如字面上的意思，一年內會一起聚餐出遊好幾次，視情況甚至也會相約旅行，屬於真正親近的關係。對方擅長什麼不擅長什麼、個性如何、怎麼長大，包括陰影的部分都一清二楚。

第二層是「同事區」。這群人未必對你的全人格有深入的了解，但很清楚你的工作情形和工作態度等。

然後是最後的第三層「點頭之交區」。這些人知道你隸屬哪一家公司、已婚還是未婚等表面上的資訊，除此之外，不知道更詳細的情形。

像這樣分層來思考的話，第二層和第三層就是克倫伯特茲所說的「沒那麼親近的人」，**其中又屬第二層的「同事區」是「好友未滿，點頭之交以上」的關鍵人脈**。

這一區的人因為知道你有什麼能力、適合什麼樣的工作，所以容易培養出信用，進而為工作牽線。另一方面，如克倫伯特茲所言，「好友區」的朋友因興趣、想法相近，對自己來說，較難帶來「意想不到的機緣」，就算有，數量也很稀少。

最難的是第三層的「點頭之交區」。我認為這一層不管再怎麼擴大，也不會增加「工作上的好機緣」。

我也曾有過這樣的時期，如前文說的，為了拓展人脈，頻繁參加異業交流會或讀書會，想要多認識別人，但是結果大多什麼也沒發生。可以推測出有幾個原因。

第一個原因是，這些點頭之交不知你的工作態度如何？有什麼能力？發生問題時如何處理？由於對於你的「工作情形」一無所悉，所以無法形成信用。不管是自己要找人，還是幫人介紹工作，如果完全不了解對方的工作情形，根本不敢輕易開口邀約。

獵人頭公司在挖角高階主管時，對於有興趣的人選，必定會去訪問過去曾一起共事過的同事，以確保評價的多面性和精準度。目的是評鑑難以從面試當事人獲知的「信用的深度」。

第三層的人脈難以促成「好機緣」的另一個可能原因是「缺乏互惠

性」。所謂的互惠性是指互相分享利益的關係、你來我往的關係。

想要持續與人維持工作關係或人際關係的話，需要這種「互惠性」。若從「互惠性」的觀點來看異業交流會所認識的人脈，就會浮現出「哪一方要先提供利益？」的問題。只要沒有任何一方先提供利益，就無法建立互惠性的關係。這有實質上的難度。

因為沒有人知道最初投資下去的成本，之後會不會有回報。既然沒有人想要承擔最初的風險，結果就是投資了寶貴的時間，形成了「人脈的不良資產」。

諸如上述，「第一層＝好友」的人數少，距離感太近。另一方面，「第三層＝點頭之交」不知道你的工作情形，所以不敢提出邀約。因此，為了招來好機緣，「第二層人脈」就顯得非常重要。

若想要擴展第二層人脈，總歸而言，絕對不要背叛自己所認定的人，總是真誠投入與對方共事的工作是最重要的事。

03 不要和「酒肉朋友」往來

■「性質好的朋友關係」與「性質差的朋友關係」

前面說明了利用休閒時間精進自我很重要，然而會白白吃掉你的休閒時間、最難纏的元凶是「性質差的朋友」。性質差的朋友是指彼此透過抱怨的同感維繫關係，總是滿口憤世嫉俗，只要被纏住就難以從這群人脫身。

就像工作有分能帶來成長和成就的「性質好的工作」與完全相反的「性質差的工作」，**朋友也有帶來成長或成功的「性質好的朋友關係」與完全相反的「性質差的朋友關係」**。

我們常聽到「珍惜朋友」這樣的主張，彷彿包含兩者都應該珍惜，但這可不是那麼單純的問題。因為我們的人格或習慣有很大的一部分都是受周遭的人影響所決定的。有些人的本性絕非世間的壞人，但就是容易隨身邊的人起鬨，一再顯露出惡的一面。吉川英治的名著《宮本武藏》之中，就有一號這樣令人感到無限惋惜的典型人物本位田又八。

反之，我和各位讀者現在所呈現出來的人格，也只是和周遭的人產生相互作用中，被引出來的面向之一。

因此，人應該要與能引出自己好的一面的朋友來往，即「性質好的人際關係」，而相反的「性質差的人際關係」要盡可能斷捨離，其中又屬是糾纏不清、交談狀態不健全的人際關係最不宜。

道教的始祖莊子在著作《山木篇》中，說道「小人之交甘若醴，君子之交淡如水」。

醴就如現今的甜酒，也就是說，莊子認為君子之間的來往應該像水一樣清淡，小人的交情像甜酒一樣黏膩。心理學上以「共依存」的概念來解釋這種黏膩的人際關係。共依存關係中的患者與夥伴因為是靠疾患維持著關係，所以對方會妨礙一切治療疾患的活動，進而阻止患者自立的機會。

總之，表面上以「為你好」為名目，但其實本人也有所自覺，內心潛藏著想要確認自我存在的慾望。這就是共依存的關係。如果一直持續著這種關係，當事人將無法發展其他的可能性。

自己和周遭的人是不是屬於能引出自己良好一面的「性質好的人際關係」，我認為對職涯的形成也是相當重要的關鍵。

維持「逆」切磋琢磨的關係也沒有意義

說明到這裡，想必你已經了解為什麼維持「性質差的人際關係」是不好的。一般而言，我們與對手產生競爭心能帶來努力的動能，稱為「切磋琢磨」，而性質差的人際關係會產生恰恰完全相反的「『逆』切磋琢磨」的情況。日本上班族的人際關係像是一種和談，彼此互相施加「我在無能的上司手下卑躬屈膝忍耐，你也這樣做！」的壓力，然後互舔傷口、互助合作，在這樣的構造下生存。這種「逆」切戳琢磨的關係會從兩個層面阻撓你「實現幸福且成果豐碩的職涯」。

第一個層面是，和這種「逆」切戳琢磨的朋友來往，就會覺得「他也在糟糕的上司手下努力著，我也一樣就好」，繼續為性質差的努力找藉口。

持續付出性質差的努力，絕非出於「想要加油」的心態，而是出於惰性，因為這麼做比較輕鬆。若是耽溺於這種輕鬆，人生路就會逐漸越走越窄，而屬於這些逆切粗琢磨關係的酒肉朋友即使隱約注意到這一點，還是不斷邀人「一起走入死胡同吧」。

如前文所述，每個人其實有著各種的面向，哪一種面向比較容易被凸顯出來，多半隨周遭是什麼樣的人而定。如果身邊的人都是主動積極且實踐著性質好的努力，我們就會被引出同樣的面向；倘若身邊的人都消極悲觀且付出性質差的努力，那我們也會被引出相同的一面。請好好關照自己內在的可能性，希望它開花結果的話，建議盡早斷捨離這種負面、想要拉攏你進入不良人際關係的朋友。

第二個層面是，和這種「逆」切戳琢磨的酒肉朋友來往的話，有一天當你醒悟說「繼續做這些事，人生只是走入死胡同，不好意思，我要先閃了」，試圖斷捨離「性質差的努力」時，這種朋友就會說「別做夢了，你做不到啦！和大家一樣最好」之類的話來潑你冷水。

為什麼會說這樣的話？那是因為其實大家都隱隱察覺到繼續著性質

差的努力，人生就像走入死胡同。

既然察覺到了，只要付出能從那裡脫身的「性質好的努力」就好，但又欠缺那麼大的責任感（對自己的人生）和膽識，所以他們還是繼續埋怨著公司、上司和社會，一步一步走向人生的死胡同。這些人就是陷入了這樣的狀態。

而且，這裡有個重點，就是這種狀態非常令人難受，因此大部分的人都假裝成「沒注意到」的樣子。

換言之，儘管他們隱約察覺到「不應該再繼續這樣下去」，但不想思考到底該怎麼辦，所以假裝「沒發現」的樣子。

可是，如果有同伴說「再繼續這樣下去沒完沒了，不好意思，我先閃人了」將迫使他們不得不面對假裝忘記的可怕事實，即「再繼續這樣下去，人生只是走入死胡同」這件事。

由於真相很可怕，所以他們會拼命阻止同伴離去。像過去的日本赤軍和奧姆真理教都有人凌遲虐待想退出的成員，甚至把人殺害，施暴者的心理就是源自於此，只能說實在教人痛心疾首。

04 擁有拒絕的勇氣

給難以拒絕「酒肉朋友」的你

讀到這裡，可能有些人會覺得自己的人生好像被「性質差的人際關係」給侵蝕了。

然而，就算想要斷絕往來，你也許會覺得哪有那麼簡單。

比方說，若是拒絕了對方，自己可能會被認為任性又冷淡的人，所以不敢拒絕……你可能有這樣的煩惱吧？

日本文化裡的人際關係是建立在撒嬌的基礎上，拒絕別人對自己撒嬌，下次換自己想對別人撒嬌時就沒對象了，結果就是一直抱持著恐懼，害怕有一天人家會和自己絕交。

不過，仔細思考看看的話，就會發現這違反事實。因為人生就是由一連串的拒絕所累積而成。

正在閱讀本書的各位，現在人在某個場所、穿著某件衣服、隸屬於某間個職場或學校、居住在某處，身為一個有家人朋友的人閱讀著此書。

而這些特徵或屬性幾乎（刻意不說全部）都是從地球上所有的選項當中，排除其他，自己選擇其中之一的結果。人如果只遵從別人安排的選擇或是強迫你接受的選擇而活，不算真正「活著自己的人生」。**就算最後失敗了也沒關係，自己做出自己也認同的選擇活下去，才是人生。**

換句話說，人生就是「選擇」，所謂「選擇」就是幾乎拒絕其他所有無限多的可能性，從中選出唯一。

認為「不應該拒絕別人」的觀念會侵害人生的可能性，是非常危險的想法。

這個想法不僅會侵害自己的人生，還會產生危險的副產物，就是「怨恨忌妒能輕鬆拒絕別人毫不在意的人」。有些人如果遭到拒絕會非常生氣，因為他們把自認為「不可以拒絕別人」的觀念加諸在他人身上，覺得其他人也應該這麼做。

「拒絕」這個詞彙一般帶給人們負面的印象。

不過，**以藝術或企業經營的範疇來思考，拒絕未必都是負面的事，也可以說為了正面的產出，是必要的行為**。舉音樂為例來說，應該就好懂了。如作曲的行為就是一個音符接一個音符思考下去的作業。

相反而言，就是要從無限多的聲音當中，捨棄其他所有的可能性，選出一個，所以作曲可說是藉由「一連串龐大的捨棄」才能成立的行為。

要多麼膽大心細地從大量的選項當中，排除其他覺得「這個不錯」的選項，才能選出符合自己個性的聲音呢？這個過程與作曲的調性有直接的關聯，也就是說，所謂音樂的才華正是顯現在「拒絕的巧妙與否」上。

關於這一點，雕刻、繪畫其實也是一樣的道理。例如在畫布塗上某個顏色的顏料，其實就跟拒絕其他無限多的色彩是一體的兩面。

藝術家進行創作可視為是藉由「選擇與拒絕」才得以成立的行為。

決定自己「不做什麼」

在企業經營及人才培育的領域可說也是一樣的情形。蘋果電腦的創辦人史蒂夫・賈伯斯曾留下「**決定不做什麼跟決定要做什麼同等重要**」的名言。

賈伯斯重回陷入經營困境的蘋果電腦後，最先著手的事就是大幅削減產品的產線。也許大部分的人已經忘了，當時的蘋果電腦光是麥金塔電腦就有十幾款，還有販售印表機，但這些大多都獲利不佳。

賈伯斯一上任隨即廢除了七十％的產品，至於留下來的產線，則要求開發團隊做出「讓世界為之驚豔的優秀產品」。

不拒絕就代表不肯定。

大家身邊也有這種人嗎？好惡不分明，不知道他想要做什麼或怎麼做，模稜兩可的態度讓周遭的人感到煩躁。本書前半段提到的無能上司也常見這種傾向。這種拿不定主意的態度並非「肯定」的問題，而是因為無法拒絕的關係。

拒絕不過是肯定的背面，無法強硬拒絕的人也無法堅毅肯定。人生在世如果只想接受肯定，不接受心理負擔較大的否定，不得不說是任性妄為的想法。拒絕與肯定就像硬幣的正反面，無法只要其中一項。

為了建立質地優良的人脈，平時請別忘了保有「拒絕不是負面的事」這個心態。

05 二十世代的孤獨正是工作的養分

大家爭相前往的地方，必有陷阱

前文說明了關於「拒絕」的態度，此外，「孤獨」這個字眼一般也帶有負面的印象。

近年來，許多犯下震驚社會案件的人都是因為孤獨難耐，尤其在這樣的風氣推波助瀾下，世人認為「人不應該孤獨」、「孤獨的人很危險」的觀念越趨強烈。

可是，孤獨真的是那麼不好的事情嗎？

不，相反的，我認為現在正是時候，需要能品嘗孤獨的能力，即「孤獨力」。

耶穌獨自在曠野徘徊四十天，佛陀在菩提樹下冥想而頓悟。反觀現代，建築家安藤忠雄先生也經常提及「旅行」對製造孤獨的機會很重要，也曾述說當年他在確立自我成為建築家的過程中，「旅行」往往成了契機。

古今中外的賢者、偉人都刻意在人生中製造孤獨的時刻，然後在那份孤獨中純化自己的思想與嚮往。

各位生在當今這個混沌的時代，不要基於「大家都這麼說」、「大家都這麼做」等的理由，就忽略了審視自己的內心，只是一味地配合著別人而活是很危險的。因為大部分的人都往同一個方向走，所以自己也安心跟進，那條路的前方其實是斷崖也說不定。請暫時離開大家急步向前、看也不看一下旁邊的大道，思考看看路途的前方。這麼做或許需要一點勇氣。

不過，為了將來能有飛躍的成長，還是希望你稍微離開團體，停下腳步思考一下，也是很重要的事。

06 被說壞話也無所謂

評價高的人都會被說壞話

最後，我再傳授一個在職場上維持健全人際關係的祕訣。那就是「不要說別人的壞話」。

意思是「**不敢對本人說的事，也不要在本人背地裡說。**」

因此，對於上司的不滿也包含在內。即使看到別人聚在一起說壞話，說得起勁，也不要加入他們，只要冷眼旁觀就好。說壞話的行為其實部分是讚賞的反饋。雖然心生羨慕或是覺得不甘心，但沒那個勇氣或信念當面對本人批評，所以有些令人不齒的人就會透過「說壞話」的行為來抒發情緒，記得千萬不要參與。

另外，關於自己的壞話，也只要保持冷靜聽過就算了，甚至可以當

成是一種測量受歡迎程度的監測儀。

置身在組織裡的人，其忌妒是很強烈的，所以只要有人表現活躍，不管程度的差距有多大，一定會被說壞話。尤其在年輕人以自我本色發揮能力，在公司確立出優秀評價的時期，最容易遭忌妒的人毀謗中傷、無的放矢。

我也曾有被人說壞話而氣憤難平的時期，後來發現一件事就完全不再生氣了。那「一件事」就是，說壞話的行為其實是讚賞的反饋。這一點在我另一本拙著《外商公司顧問的知能生產術》（外資系コンサルの知的生産術，光文社出版）也有提及，極端的事物存在的地方，背後一定潛藏著完全相反的事物。

就像身上有刺青的人一般給人一種恐怖、難以接近的印象，但有些人刺青其實是擔心不這麼做就無法嚇人、難以發揮存在感，無計可施之下才這麼做，所以也可視作極為膽小、缺乏自信心的表徵。這麼想的話，應對的方式也就完全不同了。

關於說別人壞話，大為讚賞和猛力批判並非完全相反的事，只是一線之隔的關係。尤其在愛情的方面很常見，深深的愛情與強烈的憎恨會因為某個契機在瞬間切換。但深情的相反不是強烈的憎恨，單純只是不關心。所謂憎恨，先不管這種情感的本質如何，就聚集心理能量投射到對方身上這一點而言，依然是強烈關心的表徵。

換句話說，對優秀人物的讚賞或尊敬有如「光」，而這個「光」也會清晰浮現出批評或輕蔑的「影」，兩者可視為一體兩面。

雖然說得有點饒口，其實可以想得很簡單。意思就是說，「說人壞話」結果只是在稱讚對方罷了。

不說別人的壞話，被別人說壞話也不用在意

我個人曾有這樣的經驗。在我離開電通公司數年後，也出版了幾本書，有一天去參加電通同事舉辦的餐會，有一位同期的前同事告訴我：「今天能和山口你說說話真是太好了，跟以前一樣完全沒變。我之前參加一個聚會，有幾位同期的同仁說你的壞話，我覺得很遺憾。」

在我離開數年的組織裡，還有人說我的壞話，真令人覺得不可思議，但其實真正的重點是「沒有被遺忘」這件事。藝術家安迪．沃荷曾說

過以下的名言：「報章雜誌上出現了關於自己的報導，但無須在意報導的內容。重要的是，報導佔了多少篇幅。」

多麼像沃荷的作風又諷刺的一席話，你有發現他也在講一樣的事嗎？沃荷的意思是，不管藝評家對作品是褒還是貶，那些都沒有關係。因為兩者結果都是在說「反正這位藝術家很厲害」，如出一轍。

所以，重點不在內容，而是報導所佔的篇幅，也就是說注意對方用了多少情感的能量。真不愧是在艱辛的藝術界熬出頭的渥荷才能說出這樣的話語。

總歸而言，結論如下：

首先，**不要說別人的壞話**。這是維持健全人際關係非常重要的祕訣。

然後，**說人壞話終究是對當事人讚賞或忌妒的反饋**。對於別人說自己的壞話也不要在意，就想成「我的評價這麼高啊」，當成肯定自己的意思就好了。

07 說話時多意識到「模式×內容」

■ 為什麼別人聽不懂你的話？

和年輕人說話時，有時會覺得聽不懂這個人說的意思，或是對方的話讓人越聽越煩躁。這種人有個共通點，那就是淨說「自己想的事」和「自己做的事」。

商場上向來要求的是「當下那個時間點的答覆」。外商公司的業界稱為「先說結論」（Answer First）。譬如以下的情形就是典型的例子：

〈沒有先說結論的對話〉

上司：之前託你做的市場規模預測，完成了嗎？

下屬：呃，我先去拜託過資訊中心，但沒什麼好資料，所以後來改在網路上搜尋……。

上司：結論是還沒做好囉？

下屬：是的。

〈先說結論的對話〉

上司：之前託你做的市場規模預測，完成了嗎？

下屬：抱歉，就結論來說還沒完成。請再給我兩天的時間。因為資訊中心沒有相關的資料，網路上也搜尋不到好資料，我打算直接採訪業界的專家。明天上午預計會有兩件回報，所以後天應該能歸納出一個大致的估計。

上司：OK，麻煩你。

就像這個樣子。上司對何者的評價較高，不言自明。

而且，只要記得商務場合上的溝通有2×3共六種類的形式，就能夠簡潔精準地表達，趁這個機會學起來吧！

「2」是「問題」和「主張」。商務上的溝通全都由這兩者組合而成。

例如像這樣：

上司：你的意思是現在離賣出的時機還早，暫時先維持原樣比較好嗎？（＝**問題**）

下屬：是的，現在賣出的獲利也不大。我想目前維持原樣的風險比較低。（＝**主張**）

上司：可是，之後會不會需求突然銳減啊？（＝**問題**）

下屬：關於這點我們有試算過，到需求只剩三分之一前還不至於虧損，應該沒問題。（＝**主張**）

以上是常見的對話內容，可以了解到溝通就是由重複「問題」和「主張」而成立。

簡言之，溝通的雙方有兩種模式。「**講話讓人聽不懂的人**」**大多沒有明確區分出**「**問題**」**和**「**主張**」。

提問時就問「問題」，要主張意見時就「主張」，說話者的模式分明，就能促成有節奏感的對話。

講話好懂的人所注意的三件事

然後，接下來說明2×3的「3」是什麼。前文的「2」是說話者的模式，「3」是指說話內容的分類。意指「**事實**」、「**洞察**」、「**行動**」**這三個分類**。

基本上，商務上的對話不說這三種內容以外的事。如果說這些以外的事情，可以當成是為了建立人際關係等其他的目的。

以前文的對話為例解說如下：

（對話範例）

上司：你的意思是現在離賣出的時機還早，暫時先維持原樣比較好嗎？（**關於『行動』的問題**）

下屬：是的，現在賣出的獲利也不大。我想目前維持原樣的風險比較低。（**關於『洞察』主張**）

上司：可是，之後會不會需求突然銳減啊？（**關於『洞察』的問題**）

下屬：關於這點我們有試算過，到需求只剩三分之一前還不至於虧

損，應該沒問題。（關於『事實』的主張）

講話讓人聽不懂或條理不分明的人有無法區分「事實」、「洞察」、「行動」來說明的特徵。

好比說，有些人會把話說得像是「事實」一樣，經過確認後，才發現原來只是本人的主觀想法＝「洞察」，這種情形其實並不少見。

並不是說「主觀想法」不好。

只是如果把主觀的想法和事實搞混，就不能成立有效率且具建設性的對話，也沒辦法做出正確的決定。

如果你有什麼主觀的想法，要先把讓你產生主觀想法的事實提出為「事實」，再說「以下是我的看法」，就能主張自己的洞察或行動了。

記得常常意識到2×3的組合，說話時一邊確認自己現在說的話屬於「模式×內容」的哪一個象限，而對方的話語又屬於「模式×內容」的哪一個象限，就能成就節奏感良好且精準無礙的溝通了。

第4章

學習

稍微改變學習的方法就能改變人生

01 學習可以轉換成金錢

想要「真正的學習」就別去學校

踏入社會工作後，很多人都會為了將來的前途想要再精進自己的技能。對大多數的人而言，一說到「學習」很容易就想到要去「學校」學。可是，這樣的想法其實頗危險。

在此我想談談「學習」有三種。

那就是：

一、花錢學＝學校

二、免費學＝自學

三、領錢學＝職場

比較這三種學習法時，一般說到「學習」都會馬上想到「一」，去學校學的確也是重要的契機，不過真正為人生帶來影響力的還是「二」或「三」。

我有不少從事教職的朋友，其中不乏花大錢出國攻讀研究所的人，所以這個說法可能會讓一些人感到不悅，但是參考過去的創新實績及學習心理學、腦科學的研究，更重要的是對照自己的經驗後，還是覺得這麼說沒錯。

在我針對創新的議題撰寫書籍時，翻閱各類文獻或是採訪專家學者，發現不約而同都提到了「自學」的有效性。

眾所周知，過去有許多創新的事業發生在交叉的領域上，保羅．麥特指出引發「交叉的創新」的人才有個特徵是很多為「自學者」。

他表示「以自己的方法學習某個領域或學問的人，具有能從非既有的觀點切入的可能性」。的確，這樣的事證多到不勝枚舉。

例如，堪稱人類史上最偉大的發明家湯瑪士．愛迪生，眾所周知，他沒有接受過高等教育。

不分領域，只要是他有興趣的書就讀，二十歲時就幾乎讀通了所有關於科學和電力的主要論文和文獻，以這些的知識為本，進行實驗，成就了一次又一次的發明。

不過也因為這個緣故，愛迪生的科學知識也相當危險。他一生都不清楚交流電與直流電的差異，一知道他的對手西屋電氣公司採用交流電，便問身旁的工作人員說「他們怎麼改變電流的方向的？」反而讓人大吃一驚。
沒關係，這意味著不需要理解交流電和直流電的原理差異也能創新。又或是史蒂夫．賈伯斯也是一樣。人盡皆知他大學中輟，而他也和愛迪生一樣，讀了各式各樣有興趣的書，努力學習。

初代的麥金塔電腦開賣時，蘋果電腦推出了知名文宣「想要製造對人類的知性而言，就像騎腳踏車一樣的電腦」。關於這個文宣，賈伯斯曾說「是從《科學人》(Scientific American)雜誌上一篇關於腳踏車的報導獲得靈感」。不僅新創的電腦公司和科學雜誌是令人意外的組合，還包括賈伯斯曾選修西洋書法的小故事，都讓人感受到賈伯斯擁有「廣泛的好奇心」。

另外，還有像達爾文。他是提出進化論、為科學的歷史提出轉捩點的人物，但達爾文在學校的成績是平均分數以下（這一點愛因斯坦也一樣）。

比起在學校讀教科書，他更喜歡在英格蘭的鄉下觀察植物，也花很多時間直接去拜訪權威學者進行討論，學業成績當然不會好。不過，這樣一點一滴的累積最後為他帶來革命性的創意。達爾文也曾說「回想起來，對我有價值的事物全都靠自學而來」。

達成創新的人才有個共通點是「自學」，相形之下，也有人去「教創新的學校」學「創新的方法」。

雖然對這些人不太好意思，但我不得不說這實在滑稽。

在思考要去「學校學創新」的同時，就已經不適合創新了吧。真的想要創新的話，就別去學校了，現在就可以開始動手！

經驗才是最好的老師

關於在學校的學習，我想一提腦科學和學習心理學的研究。

我本人不是這個領域的專家，只讀過十幾本相關書籍獲得知識，也算是在自學的範圍內，但我認為現在的學校體制有兩個問題。

首先，在學校學習的內容很快就忘記，是個問題。雖然也隨研究的內容而異，但有研究的結果顯示，學生在半年到一年後會忘記九十％以上的內容。這應該與很多人的經驗符合才是。

為什麼學過會忘記呢？因為沒有迫切的需要學習這些知識。

達文西曾說「學習沒有需要的知識，就像沒食慾時硬吃一樣對身體不好」，就是這麼一回事。明明是沒有需求的知識，卻像要做鵝肝醬一樣填鴨硬塞，仔細想想的話，學過當然會忘記。

然後，第二個問題是，整體而言，今日的教育體系被設計成一套損害創造力的架構。

腦科學家也是《大腦規則》（*Brain Rules*）的作者約翰・麥迪納（John Medina）說：「如果想剝奪一個人的創造力，儘管把他送到現在的大學、研究所那種體制的地方」。的確，前述的偉大創新者大多沒有上學或中輟吧？他們通常被以「明明沒有從學校畢業」的「逆接句型」來介紹成功的始末，不過或許其實該從順接的句型「正因為沒有從學校畢業」來說明才對。

另外，我也曾聽東大航空學系的加藤寬一郎老師說過，自衛隊的戰鬥機飛行員有大學畢業和高中畢業的人，其中能成為頂尖飛行員的「幾乎都是高中畢業」。加藤老師的結語「大學畢業的飛行員難以出類拔萃」可說是世界普遍的現象。

你有沒有覺得這個小故事和許多成功的創業家都大學中輟，似乎有什麼本質上的共通點？

最後，我想說說自己的經驗。原因很簡單，因為我強烈有感於我現在以顧問、演講、執筆的形式產出的智慧資產，其基礎幾乎都來自工作或自學的累積。說個大白話，在大學和研究所所學的知識根本派不上用場。

以我的情形來說，當年我的主修是與商業無關的「美術史」，可能多少也是原因，但假如換作攻讀企管學的話，是否就會有什麼不同，只能說我很懷疑。

伊賀泰代在著作《任用基準》（採用基準 地頭より論理的思考力より大切なもの，鑽石社出版）中，也提到「高階的ＭＢＡ課程內容也很初淺，無法應用於實務上，完全無法合理化如此高額的學費」，所以也許情況不會有什麼改變。

因此，如果想要有優質的智慧生產，當然必須持續不斷地學習。

這時，萌生「那就去學校學吧」的念頭當然也不是不行，**不過請你要先意識到「透過實務經驗能獲得很好的學習」，或者也可以在日常生活中「好好靠自學進修」**。

02 自學是最有效的學習法

自己規劃學習計畫

上一節說到學習有分在學校學、在職場學、自學三種類，也敘述了在職場學和自學很有效的原因。在此，我想再就「自學」說得更具體詳細一點。

首先，自學時必須注意到一點，就是**自己規劃自己的學習計畫**。反過來說，就是不要讓社會或別人來規劃學習計畫。

你可能會覺得這不是理所當然的事嗎？但是，就我的所見所聞而言，真實的情況是幾乎沒有人規劃自己的學習計畫。

什麼是為自己讀書？

說到自學，首先要讀書，如何讓閱讀在人生當中成為有意義的事，必須思考以下兩個論點：

一、**該讀什麼書？**

二、**怎麼讀？**

然後，在規劃學習計畫的時候，會遇上論點一的問題。

關於這一點，我之前的著作《閱讀應用於工作的技術》（読書を仕事につなげる技術，KADOKAWA出版）提到白領上班族該讀的商務叢書都是「千篇一律的書單」。然而，這其實是貪圖方便，我想這種完全相信書單、想照書單從頭開始讀起的態度相當危險。

這正可謂「請別人規劃自己的學習計畫」。

對某人的人生有用的知識會隨著他的人生策略而有所不同。本書會介紹推薦給二十世代閱讀的書單，也請參考看看就好。

03 二十世代就是要多閱讀、盡量讀

閱讀最受用的時期

第一章說過二十世代還不用急著做出成果，話雖如此，也不能漫無目標、渾渾噩噩過日子。

如何度過二十世代的階段，不管是工作還是私人生活，都會大大影響往後的人生。上一節也有提及，我特別建議各位「總之就是多讀書」。

有沒有閱讀的習慣，對於人生的豐富度可說是有數百倍的巨大差異，所以在二十來歲時，是非常重要的事。

這是因為越優秀的人，從三十到四十歲、四十到五十歲，隨著年紀的增長，時間會越來越少。如果去問現在年紀四十到五十歲之間、在社

會上小有名氣的人「你現在最想要的東西是什麼？」答案只會有一個。

他們的回答一定是「時間」。因為工作太繁忙，就算以前有閱讀的習慣，現實上現在也沒有那麼多時間能花在閱讀上。即使有閱讀的習慣，也具備足夠的知性去洞察、運用閱讀所獲得的知識，但物理上根本挪不出時間好好讀書。

另一方面，不管十幾歲時讀多少書，接收內容的人格和感性尚未成熟，而且也沒在工作，自然無法把從書本獲得的知識應用在工作上。

總之，人生當中，能夠大量閱讀、大量思考，而思考的事情能運用在工作上，邊眺望工作的世界邊讀書的，只有二十來歲的時候。

■ 二十世代該閱讀什麼？

另外，讀什麼書無須限定是否跟工作有關，希望你讀各種領域的書。歷史小說、文學、哲學、經濟學、宇宙或人腦等自然科學方面的書都行。

你也許會覺得讀這種書跟工作又沒有直接的關聯。確實是如此，但相反而言，也別忘了「能馬上派上用場的事物也會馬上沒用」這件事。

就像從暢銷的商務書籍獲得的知識很快就會過時，也就是說，它的「時令」很短暫。如果只讀這些書，二十多歲獲得的知識到三十歲時幾乎已顯陳腐，到四十幾歲時就變成「過去的知識」了。

然而，經典書籍就不一樣了。二十多歲讀的內容到三十歲、四十歲，一生都是受用的知識。

二十世代的你可能不知道自己喜歡什麼、不知道自己該學習什麼，總之請你記得，盡量一本接一本多讀自己感興趣的書。

閱讀量的基準約是一週一本的步調，希望一整年下來最少能讀五十本左右的書。

04「學養痴人」得不到工作成果

為何「有學養」會被推崇？

日本近幾年來，上班族之間吹起一股增進「學養」的風潮。我本身大學、研究所都是哲學系出身，所以很能理解人文學科的素養可以在智能生產的現場成為有力的武器。

因此，對這個風潮只覺得「也不錯啊」，直到後來有機會直接接觸實際搭上風潮的幾位人士後，不禁覺得這或許是一種逃避。

為了說明得更清楚好懂，請你想像出一個圖表。

縱軸是「工作能幹、工作不能幹」，橫軸是「有學養、沒學養」。其中最為人稱羨的莫過於是「工作能幹又有學養」的象限，不過實際上這種人少之又少，就算有這種人反正也贏不了，根本不構成問題。

有問題的反而是「工作能幹但沒學養」和「有學養但工作不能幹」的象限。

若問這兩者哪一個比較好，答案可能因人而異，但正因為「因人而異」，才讓想藉「學養主義」逃避的人有可趁之機。

如果單純比較「工作能幹」和「工作不能幹」的人，我想沒有人會喜歡後者。

於是，屬於後者的人，為了彌平這個自卑感，設想有沒有其他評價的標準，就浮現出「學養」這個很有力的競爭項目。

因為「工作能幹」的人大多都很忙碌，沒有時間閱讀厚厚的古典文學或難懂的哲學書。這意味著「工作」和「學養」是呈反比的狀態，說得更直接了當一點，就是有沒有「學養」這一點是許多「工作能幹」的人的要害。

「某某先生很優秀呢！」

「啊，是沒錯。不過他啊，缺乏學養吧？」

不難理解能這麼說的話，心情有多舒暢。

「工作不能幹」這件事在現代社會有如被宣判死刑，所以在公司裡或社會上不得志的人為了自己也能「宣判別人死刑」，設定出另一種競爭的範疇來滿足自我。我認為這就是學養主義盛行過頭的原因。

另一方面，若從煽動學養主義的那一方來考察這個現象又是如何呢？雖不便直接指名道姓地說，但若舉出幾位出面鼓吹「學養很重要」的人，應該會發現他們幾乎都是評論家或大學教授，不見身在商業界的人。

這些不在商業界的人，如果想在廣大的商務書籍市場宣揚什麼的話，「學養」會是個便利的切入點。結果，非商業界的人開始主張起「要在商場上成功，學養很重要」，而被這個主張命中的上班族竟也不疑有他地隨之起舞，才會發生這麼奇妙的情形。

思考為了什麼目的充實學養？

乍看之下，這在競爭策略的範疇裡，算是合理的做法。

在競爭排名趨於固定化的市場上，一味努力追求居高位會過度消耗企業的體力，改變競爭項目往往才是更有效的辦法。

舉例來說，紙尿褲的市場上，原本就「不滲漏」此單一評價就決定了各廠牌的市佔排名，但後來出現「不悶熱」的新競爭項目，增加了市場的多元性，也分散了獨佔率。

這麼思考的話，「工作不能幹」的人為了改變自己的定位，轉而推崇「學養主義」，看起來似乎合理，但事實上一點也不合理。

因為只是把學養牢牢記在腦子裡的話，完全不能增進人生的豐富度，甚至會變成偏執、難相處的人。

漢朝的史學家司馬遷在其著作《史記列傳》中，說道「知道不難，難在如何身處知道中」。世上有很多糟糕的人把「知道」這件事當成一種時尚來炫耀賣弄以滿足自我，但我不得不說這種人的內心和人生恐怕很貧瘠。

我的意思不是說學養無用，而是有了「學養」後，應該思考自己到底想獲得什麼？這麼做是否只是為了彌補自卑感？

千萬不可忘記如果藉著膚淺的學養主義來逃避，可能會讓人生更為貧困。

初代麥金塔電腦在開發的階段，研發團隊曾向賈伯斯訴苦說來不及完成電線，但身為團隊領袖的賈伯斯答道「能出貨才算是真正的藝術家」拒絕發售時間延期的提議，也鼓舞了團隊。別以麥金塔電腦的設計多出眾、多具有劃時代的意義當作藉口，總之先出貨賣出去，漂亮話等做到以後再說，我想他是這樣的心情吧。

仿效這句話來說，就是「真正的學養豐富的人會讓人生成功」。

對於愛說：「他的銷售業績是很厲害，卻不知道齊克果（Kierkegaard）是誰耶！」的學養主義者，我真想反問：「哦？……那你知道齊克果，怎麼銷售業績這麼難看？」

說什麼為了追尋幸福，有沒有學養比工作能不能幹更重要，其實都是為了一己之私，那正是所謂「沒有身處知道中」的典型例子吧。

希望各位記住比起「學養」，應該有其他更重要的事該學習。

05 直覺力更勝邏輯力

下決策的關鍵

近十年來，上班族之間還流行學習邏輯思考與批判思維，蔚為一種風潮，但我個人認為這種技能的成效非常有限，對於是不是值得特別花錢去學，抱持存疑的態度。

我已在各大媒體就這一點發表過意見，這裡也再重新說明一下。所謂邏輯思考，是整合手邊的資訊，進一步推論的技術，所以照理說不管誰來做，答案都是一樣的。

關於決策的過程，神經學的專家安東尼奧．達馬西奧（Antonio Damasio）指出了情緒和皮膚感覺的重要性。

達馬西奧以臨床醫的身分，觀察了許多患者掌管數理、語言等理智的腦部機能明明沒有受損，社會決策能力卻有重大的缺陷，而提出了假說，主張適時、適當的決定需要理性與感性兩方的運作，也就是「軀體標記假說」(Somatic Marker Hypothesis)。

根據軀體標記假說的說法，人接觸資訊時出現的情緒和身體反應（出汗、心悸、口乾舌燥等）會影響前額葉的腹內側，幫助判斷眼前的資訊是「好」還是「壞」，增進下決定的效率。

照這個假說來看的話，**至今大家認為「做出決策時應理性地進行，盡量排除情緒要素」的常識是錯誤的，下決定時反而應該積極加入感性**。

過度重視理性反而失算

軀體標記假說也有不少反駁的立論，所以目前一如字面所示，還是在假說的範圍內。

不過，達馬西奧在他的著作《笛卡爾的錯誤》(*DESCARTES' ERROR*)介紹了很多令人同情的病例，讓我們知道，人在做出社會性的判斷或下決策時是個非常複雜的過程，為了達到這個目的，我們遠比自己所知道的運用更多直覺在觀察諸多要素。

持續十年流行批判思維與邏輯思考的風潮也有關係，我有感近年來決策的品質受邏輯推論影響的情況太強烈，**過度注重理性，排斥情緒和直覺的態度，可能會對決策的品質帶來重大的缺陷**，從事智慧生產的人都應該要注意到這一點。

06 不過是英語，也難在英語

該不該學英語？

關於英語，覺得「應該學」的人和覺得「不用學」的人有過各種議論。我雖沒當面見過本人但默默敬愛的成毛真先生曾出版名為《九成的日本人不需要英語》（日本人の9割に英語はいらない，祥傳社出版）的著作，展開一如書名的論述，飽受各界批評謾罵，但我認為這種批評本身沒有意義，性質很差，因為他們的論點都建立在搞錯重點的「需要或不需要」上。

從結論來說，我認為「學會英語絕對比較好」。因為如果會說英語，人生會更有樂趣。

其實就跟學樂器一樣。我會演奏鋼琴、大提琴、吉他、貝斯等數種樂器，學一種樂器到大概能演奏的程度，約需要兩年的時間腳踏實地練習。

那麼，如果問我為什麼這樣還要學習樂器，答案是「因為這樣人生比較快樂」。若改問「鋼琴是不是必要的東西？」的話，連我也會回答「對百分之百的人都非必要」。因為鋼琴對於生存真的不是必要之物。話雖如此，那能不能說「辛辛苦苦學鋼琴根本沒用」呢？我想也不能。

英語也是同樣的道理，職場上在無能上司的手下被動地敷衍工作，馬馬虎虎混日子的話，根本不需要英語。成毛先生的意思是，選擇過這種生活的九成日本人就算學好英語也是白費，應該視為一種嘲諷。

為什麼會說英語人生更有樂趣？有幾個原因。

首先是選擇職業或任職的公司可以有更多的選項。說得簡明一點，如果想在外商公司工作，甚至想派駐到國外分公司的話，「不會說英語」當然也就沒下文了。

學英語讓世界更開闊

會說英語人生更有樂趣的第二個理由是，**可以享受英語的內容**。這一點當然包括書本或雜誌，而且我認為尤其重要的是，網路上很多資訊都是英語寫成的內容。

包括文字的資料及影片在內，還有Youtube上有大量的影片，我也常收看，如果只限定日語，經常搜尋不到想看的影片。這時，如果把搜尋範圍擴大到英語的內容，就會出現大量的影片。

還有，雖然是理所當然的事，如果會說英語的話，**就有可能和全世界的人交朋友或成為情侶**。

當我在思考「性質差的人際關係」時注意到，能夠建立起互相給予良性刺激、具建設性人際關係的友人，其實沒那麼多。如果能夠建立這種關係的人只有一定的出現率的話，分母只限於日本人，還是包含其他廣大的外國人，人生當中能遇到「良師益友」的人數是天壤之別。

實際上，我自己也曾為參加公司的集訓而暫居倫敦的郊外市區，因而結交到芬蘭人的好友。不只是工作，包含私人生活在內，如果你會說英語，就能看到以往自己所不知道的世界。

07 英語可成為「被動安全系統」

■英語能在危機時助一臂之力

前文已經說明「需不需要英語」的論點沒什麼意義，這裡從風險的角度來思考看看。這話是什麼意思呢？就是英語可能成為職涯中的「被動安全系統」。

在工學的領域，安全系統的技術大致可分成「主動安全系統」和「被動安全系統」兩種思維。

主動安全系統是防範事故或意外於未然的技術，而被動安全系統是發生事故或意外時，把對人體的傷害減到最輕的技術總稱。汽車上的安全氣囊就是典型的被動安全系統技術。

我認為英語這項技能在職涯中具有扮演被動安全系統的功能。

汽車的安全氣囊能在發生意想不到的車禍瞬間保護人體，而英語也可能在人生萬一遇上「意想不到的意外」時，守護一己之身。

也就是說，無關希望還是不希望，還是有可能發生不會說英語就一籌莫展的情況。原因很簡單，因為很多公司以後將被外資公司所併購。

本書的前半段指出日本的經營和管理階層的水準低落，如果照這樣下去，今後會有許多日本企業會被併購，納入跨國企業的麾下。

這時，「不會說英語的人」和「會英語的人」的前程將是天差地別。最好懂的案例就是日產汽車了吧。日產被雷諾汽車併購時，不少好不容易升到高層的主管單單就因為「不會說英語」的理由被降調，相形之下，也有之前不受重用的人因為「會說英語」而獲得翻身的大好轉機。

以前在組織裡勞心勞力的人，有一天突然只因「不會說英語」的理由被否決了資歷，只能說實在令人痛心。

現在市面上的汽車幾乎百分之百都把安全氣囊視為標準配備，但實際上有被安全氣囊拯救的人不到百分之一。

雖說如此，能不能因為這樣就說「九十九%的人都不需要安全氣囊」，當然是不能吧？前文提及成毛先生的著作《九成的日本人不需要英語》，如果只是按照字面上的意思來解讀，其實一點也沒錯，但我想在這裡提醒各位，**英語也有如被動安全系統守護自己人生的作用。**

08 不是「學英語」，而是「以英語學習」

這才是真正有效的學習法

我本身也曾為英語吃足苦頭，總算精進到可以在外商公司工作的程度。

若要我從自己的經驗出發，建議有效的英語學習法的話，我會建議**不要「學英語」，而是「以英語來學習」**。

什麼意思呢？就是不要為了學英語就不斷背誦英文單字和片語，繼續這種純粹在「學英語」的方法，而是多聽英語的演講、多讀英文書，以英文來學習一般的知識。

因為我們已不是「學英語」的年紀了。時間很多的學生時期另當別論，進入社會後還以這種方法學習的話，可惜只會變成「光會說英語卻沒內涵」的人。

這樣不好，要以「英語」來充實自己的學識內涵，才是正確的方法。

另外，我對於標榜「光聽就會說英語」、「只用四個單字說英語」之類強調速成的英語教材抱持否定的態度。「光聽就會說英語」的主張背後常見「嬰兒是用聽的學說話」的說法，雖然話是如此沒錯，如果你願意重新花上嬰兒長大成人的二十個年頭來學英語的話，那倒也無所謂，只是現下已二十多歲、有工作的人用同樣的方法學習，恐怕要二十年後才會說英語，會不會覺得有點困擾呢？

我真想問問買這種教材的人對這一點有什麼看法。

TED和Youtube就是理想的教材

我自己運用來學習英語的工具是TED**的演講**和**Youtube**。方法是針對自己感興趣的領域或主題，搜尋影片收看。

TED有很多演講有英語字幕，覺得只聽英文太難懂的人可以先找有翻譯字幕的影片收看，掌握大致的內容後，再選英語字幕聽演講。

這時可以先備妥好辭典，若出現不懂的單字，盡可能查查字典。ＴＥＤ的演講短則三分鐘左右，如果一天聽一場短演講，不用一年的時間，聽力就會有大幅的成長。

還有Youtube基本上也是同樣的方法，總之先找自己有興趣的領域，持續以英語收看。以我的情形為例，休閒時我會搜尋或等音樂方面的影片，想看嚴肅一點的議題時，也會找找麻省理工學院（MIT）關於領導力方面的課程。有別於ＴＥＤ，這種幾乎都沒有字幕，難度稍高，不過有很多興趣相關的內容，我會搭配兩者來看。

英語是「學還是不學」而已。嘴上老是說如果會說英語就好了，卻一直學不會的人，有個特徵是讀了很多標榜「效率學英語」這類的書籍。**因為他們不是在「學英語」，而是在學「英語的學習法」**。

我也見過包括三十多歲的人還在讀這種書，我想他大概一輩子都在學習「學習法」，到頭來還是無法開口說。

學習外語沒有捷徑，多讀多聽多說多寫而已。發現不懂的單字就查字典，什麼樣的內容都無所謂，只要是自己關心的主題，找找相關的書籍或影片來看就好。

專欄1／二十世代度過休閒時間的方法

對於煩惱「挪不出時間從事休閒活動」的人，我建議不如捨棄「挪出時間」的想法，乾脆完全停止做某些事。

例如，根據日本總務省的統計（※），二十世代的人平均每天約花兩小時半看電視、兩小時多上網，所以只要停止收看這些媒體，平均一天就能多出四至五小時。

拿破崙曾說「人生的勝敗取決於休閒時間的得分」，收看媒體恐怕不能為「人生得分」。因此，我建議不妨一次全部停掉看看。如果感到困擾，只要恢復原狀即可。

附帶一提，至於我自己和媒體的接觸，首先我完全不看電視，甚至家裡根本沒電視。社群網站基本上也只用來對外發布訊息，通常一天只看二至三分鐘。看新聞是用手機大致瀏覽一下。我每天收看媒體的時間約五至十分鐘，這樣的生活已持續超過十年以上，若問有沒有什麼不方便，我覺得完全沒有。

那麼，「多出來的時間」都在做什麼呢？我做了很多事。一整年下來約莫讀三百本書，或是與朋友、家人一起聚餐、看電影，去聽喜歡的音樂家的演唱會、去看關注的藝術家策劃的展覽等。

工作上我在諮詢顧問公司擔任顧問師，私下也寫書、演講、辦工作坊，曾被人說真有時間做這些事，一開始只是如前述，並沒有「挪出時間」的感覺，只是停掉無意義、沒生產性的事情，自然而然去做開心、有充實感的活動而已。

※〔出處〕總務省情報通信政策研究所「二〇一三年資訊通信媒體的利用時間與資訊行動之調查」

第5章

逆境

經歷過低潮的人，越能大大躍起

01 只要改變三件事，前程就會豁然開朗

任何人都會碰到逆境

人陷入逆境是常有的事。

遇上逆境時，基本上只要想「這個風暴遲早會過去」，不要太放在心上。

我們常聽人說「那人運氣真好」、「總是無往不利」，但這不過是說話者的錯覺而已。人一生當中會遇上數量龐大的事件，就統計學而言，機率如大數據的法則一樣，大量發生的事件不會全都是幸運的結果。每一個人都必定會發生覺得「真倒楣」、「運氣好差」、「怎麼會是自己……」的事情。可是，周遭的人看不到這些，只覺得別人都「好事連連」。

這其實無關乎事件的對與錯，重要的是「如何接受它」，周遭的人看

了覺得「好幸運」的人，其實是接受的方式妥善。

「人間萬事塞翁馬」這句諺語的意思是不管好事、壞事都不知道將來如何發展，勉勵人們也不用為此心情時好時壞，這其實可以用「回歸平均值」的概念來說明。

有好事之後是壞事、發生壞事之後有好事，這其實是機率的問題，所以面臨逆境時，請先以輕鬆的態度鼓勵自己「狀況遲早會好轉」吧！

時運不濟可試試「無法預測」的事

如果還是覺得狀況不見好轉，甚至陷入越來越糟的情況時，不妨試試以下三種方法。

那就是改變時間的分配、改變居住的地方、改變相見的人。

「**改變時間的分配**」**也就是指完全暫停現在花很多時間做的事**。

對多數二十世代的人來說，平常花最多時間的應該是工作吧。所以先暫停一下——話雖然此，並不是要你辭職或轉職。

而是休個假，稍微放鬆一下，或是減少工作量，早一點回家。

抑或試試看我的實際經驗，完全斷絕與媒體的接觸。在「專欄1」也有提到，具體的做法就是不看電視和電腦，只看書或散步來度過休閒時間。

以我個人來說，實行後知道這樣可以讓心情恢復平靜，所以已經超過十年以上的時間，家裡沒有電視（妻子為了看氣象預報有在廚房放置一個可攜式的小型電視）。多虧了這麼做，下班回家後的時光真的變充實了。

然後是「改變居住的地方」，一如字面上的意思，**就是乾脆從現在的居住地搬到想過要住住看的地方**。

這時，盡可能遠行是重點。會說外語的人也可以看看考慮旅居海外的可能。實際上不換工作的話，能搬往的遠處也有限，不過在首都圈工作的人，不妨可以考慮像我一樣搬到海邊。

最後是「改變相見的人」，即暫時和現在頻繁相見的人保持一點距離，斷捨離一些人際關係。

換個說法來說，也就是暫時讓自己處於孤獨的狀態。只要實際試過就會發現，原來與人見面其實也消耗相當多的時間和能量。

斷捨離人際關係後，多出充實又孤獨的時間，讓你稍微停下腳步思考一下。試著從稍遠一點的地方省思現在自己所處的狀況，解放束縛自己的成見或價值觀，變得更自由，就會看清感覺陷入低潮的自己應該做些什麼事。

乍看之下，改變時間分配、改變居住的地方、改變相見的人似乎不像是合理的行動。

不過，當逢時運不濟之時，越是想要思考出合理的計畫，結果往往反而越是陷入泥淖。

這時，刻意去做一些不知道將來會變如何的事，或許能讓你得到原本意想不到的啟發。

02 被罵的次數是成長的指標

被罵不是壞事

我在二十到三十多歲的時候，恐怕沒有人像我一樣如此持續被上司或前輩責罵。

我一天大概會被罵兩到三次，被怒吼、被質問，有時還被砸東西。當然，當時的我對這種情況真是討厭得不得了，但現在回想起來，心中真的只有感謝。會這麼說是因為我確信，如果沒有那時的體驗，也不會有現在的我。

被上司或前輩責罵，任何人都會感到沮喪。有時候，有人會因此想離職換工作。

不過，應該要再多考慮一下。對於轉職，我一向採取中立的立場，不贊成也不反對，採取「自己喜歡就好」的態度，但如果理由是「不喜歡被罵」而考慮轉職，我則堅決反對。因為「被罵的次數」也會變成「成長的指標」。

請把「被罵」當成「專家帶著熱忱的指導訓練」。

此處的重點是「專家」。因為專家的指導和學校、研習所獲得的指導，品質是完全不同的高層次。

我自己也長年擔任商學院的講師，所以可以如此斷言。從學校或研習所能獲得的學習，跟自己也身為其中一份子在實戰的商場上所能得到的學習完全無法相提並論。

不合理的事情可以反抗

另外，還有個重要的一點是，隨著年資的增長，「願意罵自己的人」會越來越少。二十多歲時有很多，三十多歲時大為減少，到了四十幾歲就幾乎不會再被人責罵了。

這完全不是因為到了四十多歲的年紀就不會出現該罵的失態或失敗。如前文所述，日本的管理階層是世界最低水準的層級，所以很多人都有表現不佳的問題。

不過，已經沒有人會嚴厲責備這些人了。

相反而言，二十多歲的時候，有人願意責罵你、對你生氣，就是人生當中能學到最多的時期。如果這個時期都沒挨罵，就這麼悠然度過，實在太可惜。

話雖如此，不合理的責罵或斥責當然不包括在內。有些無能上司會以不合理的理由責罵下屬，比較像是「霸凌」而非「指導」，如果判斷是這樣的話，應當好好思考如何在這種狀況下保護自己。

重點是，對於被上司或前輩生氣責備的事情，要判斷內容是否對自己有意義。

前文提過我年輕時日復一日地被罵，但挨罵的內容連自己也覺得「可惡……可是他說的沒錯……」，因此沒有考慮要離職。

被罵任誰都會感到沮喪。可是，如果因此逃避責罵，老待在表面看起來祥和、沒人願意責備自己的職場工作，自己也會就此停止成長。被罵的次數決定二十世代的成長，請以這樣的態度正向看待「被罵」這件事。

03 這個世界並不公平

仇視組織者的思考邏輯

在本書的開頭，我說過「世界並不嚴苛也不殘酷」。

但另一方面，我也想提醒你「世界並不公平」。

有不少人抱持著「即使在不引人注目的地方，只要肯埋頭苦幹，一定會有人看見」的想法，換言之，這些人認為「世界應該要是公平的，實際上也是如此」。

這樣的世界觀在社會心理學的領域裡，稱為「公平世界理論」。最早提出公平世界理論的人是研究正義感的先驅梅爾文・勒納（Melvin Lerner）。

如果侷限在這樣的世界觀可能危及生命，所以在此稍作解說。

公平世界理論的人認為「世界上努力的人會獲得回報，不努力的人會受到懲罰」。前文已說這種想法很有問題，更糟的是他們常常會做反向的推論。

意思是他們相信「成功的人都是付出了相對的努力」，對於遭遇不幸的人，則認為「會遇到不幸的事都是本人的緣故」。

也就是說，他們抱持著「批評受害者」的成見。過去，德國納粹屠殺和猶太人，或是世界上許多國家發生對弱勢者的迫害都是基於這樣的世界觀，即「因為世界是公平的，所以身處困境的人都是有什麼原因才會這樣」的想法，要特別當心。

此外，倘若侷限於「努力會獲得回報」這樣的公平世界假說，也有可能會變得「仇視社會或組織」。

他們的邏輯非常單純。因為「世界必須是公平的」，所以腳踏實地努力的人總有一天應該被拔擢、受人矚目。可是，如前文所述，現實的世界並不公平，所以在無能上司的手下賣力工作，並不會被提拔，也無法嶄露頭角。

結果會發生什麼事呢？儘管世界應該要公平，反正這個組織不公平，所以這個組織犯了道德上的錯誤，進而開始仇恨組織。恐怖攻擊就是經過這樣的心理歷程所產生的行為。

一九九九年日本發生了一件社會案件，一位任職於大企業普利司通（BRIDGESTONE SPORTS）的五十八歲課長因被公司要求提早退休，強行闖入總公司的社長辦公室切腹。這位闖進社長室的男性留下了抗議書，部分的內容如下：

「我進公司三十多年，和普利司通如命運共同體般廢寢忘食，無暇照顧家庭，身為員工拼命工作，全心支持公司的結晶，成就了今日的普利司通。」

這篇告發文的內容真如血淚般的控訴，也深刻彰顯出被公平世界理論困住的人，最終將多麼仇恨組織。

其實是個人的自由意志選擇了「廢寢忘食，無暇照顧家庭，拼命工作」的人生，儘管公司會不會給予回報是另一回事，但認為「世界應該要公平」的人就是無法原諒。

這個世界並不公平。認為「默默付出努力總有一天會有回報」的想法可能會毀掉人生，請你一定要放在心上。

04 想要自由，先要不自由

為獲得真正的自由

本書到此一貫採取「自己的人生應該由自己掌控」的立場。不過，人生在年輕的時期，通常沒辦法什麼事都操之在己。一方面想以負責任的態度為自己的人生做主，另一方面卻又未必能身處這樣的狀況，到底該如何看待這個衝突呢？這一節將就「不自由」來進行思考。

如果想獲得真正的自由，在人生的早期就要接受不自由。

「不被公司束縛」的生活的確很自由。如果不在這家公司工作就活不下去的話，確實會奪走人生當中其他各式各樣的可能性。

不過，很多人都沒發現，為了獲得自由，就必須接受暫時的極不自由。

我很喜歡音樂，自己也會演奏數種樂器，長年來接觸樂器，也見識到音樂訓練的矛盾之處。

因為想要自由地演奏樂器，需要非常大量的訓練，而所謂訓練的過程有如定型化的模具，越是訓練就越不自由，但不踏實累積訓練就無法自由地操縱樂器，累積訓練的同時也必然伴隨著不自由，呈現出一種互相矛盾的狀態。

在商業界也是一樣的道理。為了獲得不依附公司也能生存下去的「自由」，人生的某一時期反而必須被工作所支配，才能得到「自由而活的能力」。以我個人的經驗來說，無疑是二十多歲到三十歲出頭的時候。

我認為這個時期能度過密度多高的職業人生，將決定日後能享有多少程度的自由。

05「位置」比能力更重要

把握住機會的人在想什麼？

在二十世紀的美國，安迪·沃荷開創了「普普藝術」的藝術運動，在接受媒體採訪時被問道「藝術家成功的祕訣是什麼？」他這樣回答：

「在適當的時間，在適當的地方。」

一如沃荷的作風，看似冷淡的回答卻也彷彿道出了「成功」的本質。

我們再從別的角度切入這個問題思考看看。說到ＩＴ業界起飛期的傳奇人物，大家會想到誰呢？應該有蘋果電腦的創辦人史蒂夫·賈伯斯或微軟電腦的創始人比爾·蓋茲吧？或者，也有人會想到谷歌的董事長艾瑞克·施密特吧？

那麼，你有發現這三人其實有幾個共通點嗎？

首先，這三人都生於一九五五年，年齡相同，此外，這三人都在美國西岸開創了事業。

也就是「在適當的時間，在適當的地方」。

回顧過去的歷史，屢屢發生同樣的事。例如在十六世紀的佛羅倫斯或十九世紀的巴黎，接連出現多位天才，簡直難以用統計學來解釋。或者把目光轉回日本歷史，實現明治維新的英雄豪傑也是陸續從西日本的諸侯藩下一一現身。

經營學裡有個競爭理論流派稱為「定位理論」（Positioning）。定位理論主張企業的競爭力和收益性並非取決於企業內部的競爭力，而是端看「定位＝所處的位置」。

例如，我想各位可以想像，比起差異不大的各家廠商林立的業界，少數幾家有特色的企業各據一方的業界其收益性更高。

安迪．渥荷的名言「想成功的話，就要在適當的時候，在適當的地方」點出了定位對職涯的重要。

這一點不限於年輕人，社會上一般都認為成功人士都是因為才華洋溢或非常努力才獲得成就，雖然不盡然是錯的，但其中有個至關重大的因素是「在什麼地方」，也就是「身處的位置」。

然而，雖然大家都很努力思考該如何提升能力、該怎麼努力，我卻很少遇到認真思考自己該在什麼位置上的人。

現在就重新審視自己的位置

要判斷自己是不是在正確的位置，只有兩個重點。

- **所處位置的趨勢＝是會發展還是會衰退的場所？**
- **和身邊的人相對的能力強弱＝能不能發揮自己的優勢？**

只要身在將來有發展性的產業或公司，就算自己的能力相對不是那麼高強，境遇仍會越變越好，就像是全體國民規模的高度經濟成長期到經濟泡沫化的日本。

當年，我之所以從電通公司離職，就是因為思索自己是不是在適當的位置時，痛切發現這兩點的答案都是「不」。

首先，關於「所處位置的趨勢」這一點，約莫從二千年起，網路快速崛起，開始變得普及，我判斷一貫以電視廣告為主要收入來源的電通，日後收益無疑會減少。

另外，就「和身邊的人相對的能力強弱」而言，在廣告創意的領域裡，我拿自己和周遭的同事相比，判斷自己沒有出眾的才華。

重點並不在於本人感覺的「能力強弱」，而是要把焦點放在市場的價值上。我和身邊的朋友比起來，自認為自己的強項是「創造力」和「品味」。但進入電通工作後，我發現自己這個「強項」沒有強到足以在市場上作為商品。這一點很容易在認知上出差錯，但「自己是家人當中最厲害」的強項和「可以在社會上一決勝負」的強項其實是完全不同的層次，所以不要太輕易認定或拘泥於自己的強項比較好。

還有，思考所處的位置時，必須特別留意所謂「人氣求職企業排行榜」這一類的清單。

說穿了也是理所當然，高居這種排行榜前幾名的企業很多即將進入成長期的後半段，或是已經進入成熟期，之後便開始衰退。雖不便舉出實際的企業名稱，但如果看過清單，應該會注意到居上位的企業中，幾乎沒有任何企業可以預估將來的營收會是現在的好幾倍。

簡言之，若從「所處位置的趨勢」來看，這些「人氣企業」其實並沒有那麼大的魅力。

如果把自己當成一種「事業」來看待，自己的時間應該投資在什麼事物上，就是最重要的事業判斷。到求職人氣排行榜上居高位的公司上班，等於是把「自己的時間」這項資源投資在成長空間有限的公司裡，即使有工作穩定的優點，我依然不覺得是特別誘人的選項。

此外，就「和身邊的人相對的能力強弱」這一點而言，在這樣的職場也難以好好發揮。因為這種人氣企業通常聚集了各路優秀的人才及高學歷的菁英，想在職場上有一番出類拔萃的表現，勢必非常不容易。

因此，如從「有計劃性地尋求自己的位置」此一角度來看的話，去眾人稱羨的人氣企業上班，其實是最糟糕的策略之一。

在煩惱沒有天生的超凡才華之前，如第一章所言，思考要在什麼樣的組織、如何活用自己的特點或從事什麼職業在社會上立足，是很重要的事。

前幾年，在日本也掀起流行的阿德勒心理學，被稱為「使用的心理學」，而非「擁有的心理學」。簡單來說，就是被賦予了什麼不重要，如何活用才重要。

為了精進自己的能力，努力當然很重要。不過，世上的確存在著後天的努力也無法超越的才華。本書也有提到正確的努力法，所以**與其為自身的能力感到患得患失，不如好好思考在什麼位置上最能發揮自己與身俱來的才能和特質**，希望你能記在心上。

專欄2／二十世代該讀的七本書

以下推薦幾本好書給二十世代的你閱讀。這些都是我自己讀過後也深受影響的書。相信將來一定會成為你指路的「路標」！

- 《默默》（三版），麥克安迪，遊目族出版，二〇二二年

你是不是也像故事裡的大人一樣，被時間小偷竊取了時間？

- 《看穿本質的「思考術」》（本質を見抜く「考え方」，中西輝政，SUNMARK出版，二〇〇七年）

國際政治學家針對「思考的技術」提出建言。讀了就知道邏輯思考的淺薄，一定會成為一生的至寶。

- 《社會心理學講義》（社会心理学講義：〈閉ざされた社会〉と〈開かれた社会〉，小坂井敏晶，筑摩書房，二〇一三年）

世上有許多被認為是「正確」的事其實是錯誤的。你會發現很多「難以相信的事實」。

- 《幸福之路：哲學家羅素給現代人的幸福生活建言》，伯特蘭．羅素，啟明出版，二〇二〇年

為了得到幸福，重點不在於體況，而是要學會控制心靈的狀態。還有「愛拿自己和他人比較」是非常危險的習慣。

- 《閱讀自己內在的歷史》（自分のなかに歴史をよむ，阿部謹也，岩波書店，二〇〇七年）

學習歷史的意義是什麼？歷史不只是知道過去的事，也能讓我們了解自己、改變自己。

- 《活出意義來》，維克多．弗蘭克，光啟文化，二〇〇八年
《向生命說 Yes：弗蘭克從集中營歷劫到意義治療的誕生》，維克多．弗蘭克，啟示出版，二〇二二年

進入納粹集中營後還能保有人性的人們，給予我們對於「人要如何活著？」這個問題的啟示。

•《逃避自由：透視現代人最深的孤獨與恐懼》，埃里希．弗洛姆，木馬文化，二〇一五年

自由是非常辛苦的。正因為如此，許多人逃往「不自由」和「努力」。希望你要有與名為「自由」的辛苦好好相處的覺悟。

第6章 人生

抛開常識的瞬間，可能性就有無限多

01 世上沒有標準答案

不要過於相信社會預測

近來，有各式各樣的專家在分析預測今後什麼樣的職業可以繼續穩如泰山。雖然對這些專家很抱歉，但我還是得說這些預測一定會失準，所以不要被預測的結果耍得團團轉才好。為什麼我敢如此斷言呢？理由有二：**第一個理由是，二十年後會有相當程度的勞動人口比例，從事「現在還不存在的職業」**。

美國杜克大學的學者凱西．戴維森（Cathy Davidson）於二〇一一年八月接受《紐約時報》的專訪時，指出「二〇一一年度開始上小學的孩子，將來有六十五％的人在大學畢業後會從事現在還不存在的職業」。

的確，今日我們的生活當中不可或缺的智慧型手機，始於二〇〇七年六月蘋果電腦發表了第一款智慧型手機，也就是初的代iPhone，不過是九年前的事*。

在此之前，世界上並沒有所謂的社群媒體和谷歌地圖，世界的風景在不到十年的時間內起了很大的變化。當然了，世界的風景一變，世上需求的工作也跟著改變。

凱西・戴維森所預測的六十五%究竟準不準確，不是問題所在。就算有些許誤差，總之「現在無法想像其存在的職業」會在不久的將來，衍生出許多勞動的需求。

在這樣的情況下，以「現有的職業」為本，高談這種職業、那種職業以後還能不能混飯吃，實在沒意義，甚至很滑稽。

第二個理由是，社會上的預測通常都會失準。

舉例來說，當前許多社會預測都以「日本邁入少子高齡化社會，今後人口持續減少，國內市場必然縮小」這個預測為前提。每個人都理所當然地說著這個前提，宛如已是「既定的真實」一樣，但事實並不然。你知道其他國家過去針對少子化造成人口減少的預測幾乎都失算了嗎？

例如，英國在二十世紀初曾有一段出生率大幅下降的時期，於是政府與各研究機關設定了各式各樣的前提來預測未來人口數的增減。現在回顧他們所設定的十七種可能的模式中，有十四種預測人口會減少是完全不準，其餘三種雖預測人口會增加，但增加的幅度遠比不上實際的人口增長數。

就結果而言，二十世紀初英國的案例是，全國總人口數遠遠超過了政府與智庫預估的十七種預測。

前文如凱西．戴維森的預測也是一種預測，你可能會反駁搞不好這也一樣不準吧？一點也沒錯，總之，這種「世界會變成如何」的預測像是一場未定之天的賭博。

時時以自己為主體行動

重點在於要改變輕易依隨這種預測的態度。我們從小在學校受教育總是被要求答出「正確答案」，所以出社會後，也容易出現想要尋找「正

＊ 譯註：本書日文版於二〇一六年出版。

確答案」的傾向。

換個稍微比較殘酷的說法，若是不改變這種「尋求正確答案」的行為模式，就不可能發揮自己特有的才能，獲得成功。

因為實際上什麼是「正確答案」因人而異，如果總是輕易就附和別人所提示的答案，當然無法成功。

就我自身的經驗而言，我從慶應附屬高中升大學就讀時，不在意別人說「文學院畢業不好找工作，讀商學院或法學院比較吃香」，還是想學自己最感興趣的學問，也就是哲學和美術史，於是進了文學院。

然而，進了大學後，校園裡也同樣充斥著「加入體育校隊對就業很有利，如果只參加社團，就要當大社團的幹部，否則很難被公司錄用」的氣氛，我也因為覺得「太蠢」而置之不理，從來不曾參加社團活動，只顧著打工、讀書和作曲。

結果，後來我進入第一志願的電通公司上班，而且當時廣泛閱讀各領域的書所獲得的知識也成為現在工作上的養分，所以算是有順利過關吧。

「社會上會變這樣，所以這個很重要」的預測往往都是失準的。

二十多歲時，被這種預測要得團團轉而找不到自己的重心的話，當然會漫無目標地虛度了光陰。

請你不要依賴趨勢的預測，要先培養出以自身感覺為依據的感性。

02 轉機會突然降臨

預測二十年後的事情沒有意義？

現在無法預測二十年後的工作，所以做職涯規劃也沒有意義。不要認為這只適用於「無法預測二十年後」的現代，最好能理解「**資歷本來就是偶然形成的**」。

本書數度提及的史丹佛大學克倫伯特茲教授，以實證的研究為本，發現成功人士的資歷有八成是偶然形成的。在此再介紹更深入一點，對二十世代在思考職涯時是非常重要的提示。

克倫伯特茲原本從事職涯諮詢的學習理論研究，後來構思了這個概念。他從以往的研究發現，職涯諮詢的目標「不再是為客戶找到符合興趣、價值、能力的職業，而是在持續變化的工作環境中，促進客戶對技能、信念、價值、職業習慣、個人特質的學習進修，以創造出令人滿意的人生」。

而且，過去的職涯諮詢是把「工作還沒著落」（專有名詞稱職業未定）的狀態視為問題，但就學習理論來說，他主張職業未定正好是能促進學習新事物的契機。

他批評過去的做法都是針對個人的個性、特質與職業所要求的特性進行僵化的媒合（專有名詞稱特性論或類型論），卻忽略了在現實上相同的職業也有不同個性的人獲得成功，且職業所要求的特性本身也會隨時局不斷變化。

說得更簡單明瞭一點，克倫伯特茲認為職業生涯的開發並非大家以為的那樣，只要靜態媒合職業條件和人才條件就好，而是更富變化的動態活動。

招來「好機緣」的五個要點

克倫伯特茲依據這些考察，把成功人士形成資歷的經過歸納在「計畫性偶發理論」(Planned Happenstance Theory)的架構下。根據克倫伯特茲的說法，我們的職涯資歷無法事先詳細周全地計畫，而是取決於不可預期的偶發事件。

那麼，為了招來能夠形成資歷的「好機緣」，需要什麼樣的條件呢？以下列出克倫伯特茲本人所提出的幾個重點：

- **好奇心＝不只是自己的專業領域，對其他領域也有涉獵，因為興趣廣泛，所以能增加工作的機會。**

為了讓「好機緣」實際成為資歷的契機，不僅要「播種」以招來各種偶然，對上門而來的「好機緣」也要做出回應。在這兩個層面上，「好奇心」扮演了非常重要的角色。

想要「播種」必須與各種人相遇、投入工作並對各式各樣的主題抱持好奇心，此外，還要對「好機緣」做出回應，保持新鮮正面的心態看待未知的事物。我本身在實踐計畫性偶發理論之際，覺得「好奇心」是最重要的項目。

• 韌性＝就算一開始時不順利，若能夠繼續堅持下去，就會增加偶然的機會、與人相遇或出現轉機的可能性。

嘗試新事物時，起初難免不順利。尤其是換工作，不時會拿新工作和先前的工作相比較。如果因為埋怨「早知道這麼辛苦，上個工作還比較好」而放棄新工作，就掉進常有的陷阱了。

這時需要的是「韌性」，我認為其實也可以就說成「鈍感力」。挑戰新工作卻一下子就放棄的人，通常有個特徵是自尊心很高、責任感強。這種人無法原諒做不好、工作沒成績的自己。雖然是程度的問題，記得嘗試新事物都需要時間和努力的累積才能上手，在可接受的範圍內堅持下去，如果到時真的不行再考慮放棄，需要一點「隨便」的遲鈍心。

• 靈活度＝狀況總是隨時在變化。就算是已經定案的事，為因應突發狀況還是可以靈活變通，就能把握住機會。

據說三十歲以後最妨礙轉職的，就是靈活度。因為「我出社會工作可也十年以上的經驗」的心情或自尊心會妨礙人積極去開發新資歷。曾有某企業為工廠的管理職幹部開設轉調為財務人員的訓練課程，但有人一整天抱著胳臂望向天花板，這種態度頑固的人自然難有「好機緣」來造訪。

• **樂觀＝即使遇到意想不到的變局或逆境，能以正面樂觀的態度當作鍛鍊自己成長的機會，就能拓展資歷。**

這裡所說的樂觀不是指個性，而是判斷狀況時的思考模式。個性難以改變，但發生什麼狀況時，任誰都可以從這個狀況中找到賦予自己正面意義的部分。

設計師川崎和男先生曾因車禍受重傷命危，後來為了復健回到故鄉時，被日本傳統的風景和文物之美所打動，而試圖把日本文化的精華徹底融入自己的設計，於是利用這段時間充裕的復健期好好學習了一番，在這個最糟糕的情況下，重新打開心房，為自己的職涯開闢出一個新境界，可說就是一個好例子。

• **冒險心＝挑戰未知的事物自然會經歷失敗或不如意。願意積極地承擔風險，就能獲得機會。**

如果關在狹小的範圍內重複同樣的事，職涯的路會越走越窄。例如在加拉巴哥群島完成獨特進化的生物也許最適應該環境，但相對也會變成對環境的變化非常敏感脆弱的物種。如果一股腦去開闢完全不熟悉的地方就會絕種吧。所以重要的是，在一定的範圍內承擔計算過的風險和波折。

克倫伯特茲以自身的研究為本，把能遇上「好機緣」的人所擁有的共通因子歸納成這五個重點。

對於這些重點還想知道更多的人，建議閱讀克倫伯特茲本人的著作《幸運絕非偶然》（その幸運は偶然ではないんです！，鑽石社出版），可以了解上述各個特性在日常生活中、職場上或換工作時，如何顯現出具體的行動與思考，是一本非常有用的參考書籍。

03 對於將來可以想得輕鬆一點

有時「三分鐘熱度」也有好處

思考自己未來的職業生涯時，如果抱持著「要選擇一輩子的職業」的心態，那一定遲遲無法下決定。

不用想得那麼遠，先以「未來五年要做什麼？」的輕鬆心情來選擇就好。社會上總是鼓勵年輕人做職涯規劃，不過職涯本來就不是靠思考而來的，感覺很也重要，要多傾聽身體的聲音。**用頭腦思考覺得很好的事，若感覺不太對勁的話，勸你還是不要做比較好**。

因為大部分的情形，身體的判斷比較準確。

這話怎麼說呢？首先如前文所述，誰也不知道十年後的未來會變如何，何況自己比社會更容易變化。

這一點對思考職涯很重要，但就我所知，在研究職涯理論的範圍內，鮮少提及這個問題，所以我想在此好好說明一下。

一如前述，世事的變化高深莫測。

不過，未來的自己會如何變化更是難以預料。價值觀、感興趣的事物、好惡的感受等等，過了十年後會有很大的改變。

二十多歲的年輕人可能還不太理解這種感覺，但可以試著回想戀愛時的心情也許就能體會。

某個時期對對方朝思暮想，卻從某個時機開始心意沒來由地冷卻，任誰都有過這樣的經驗吧？

說得直白一點，就是「感覺膩了」，職業生涯裡也常發生同樣的事。

順帶一提，以我個人的經驗來說，至今我約莫以每六到八年的頻率在換職業（不是換公司）。原因很單純，就只是因為「對現在從事的工作感覺膩了」、「新工作好像比較有趣」罷了。十年前的我作夢也沒想到自己會成為專長是組織和人才培育的管理顧問師。

在此之前，我在策略系的顧問公司負責規劃事業策略，工作了一段時間，後來發現日本企業本質上的問題不在策略，而是在組織層面窒礙難行，而慢慢開始改變興趣時，時機上很恰巧，有一位已從策略系顧問公司轉職到日本「光輝國際股份有限公司」（當時稱KORN集團）的前同事邀請我加入，事情的經過就是這樣。

動機是「好像很有趣」也無妨

對上班族來說，擁有好奇心是維持高產能的必備條件，這一點和「三分鐘熱度」的特質有一體兩面的部分。

一般而言，「三分鐘熱度」這個形容詞不太用在正面的文脈上，不過在這個變動快速的社會上，反而也可以視為一種強項。

有句成語說「日新月異」，企業和人都必須不斷更新自己，才能在這個千變萬化的社會倖存下來。此時，重要的一點是，你是要被這個變化多端的社會牽著鼻子走，勉為其難更新自己，還是相反的，**在主動更新自己的同時，由自己來主導社會的變化，工作的樂趣將大為不同。**

也許話題的規模好像大了些，但總歸來說，人的喜好和感性會隨時間不斷變化，反倒是能夠靈活變化比較好。

正因為如此，規劃職涯時思考到十年後、二十年後的將來，決定「我以後要一直走這條路」也沒什麼意義，不如**先想想「未來五年你覺得什麼好像很有趣，想要試試看」就夠了**。

04 考慮轉職不是壞事

重新檢視學生時期決定的「一生的歸屬」

前文提到職涯規劃只要先思考五年後就好，話說回來，我本來就對日本的新鮮人剛踏入社會就要在同一家公司待一輩子的觀念，感到不自然。

實際在社會上工作幾年後就會明白，要求學生「挑一家自己要過一生的公司」並期待他們做出合理的選擇，根本強人所難，甚至可以說是無理取鬧。

學生在選擇公司時，也還不太清楚自己適合什麼樣的工作，容易基於公司名氣、世間評價、薪資待遇、公司所在地、是否受異性歡迎等表面的因素來決定。

我從大學畢業後選擇進入電通公司工作的原因，現在回想起來，一是我從國中開始學作曲，所以想做和音樂有關的工作，二是想要快點買進口車，所以去薪資較高的公司，三是當時的女友比較愛慕虛榮，所以去可以向朋友炫耀的知名公司上班。如今，自己想到都覺得難為情、不禁臉紅，總之都是為了沒什麼大不了的原因。

可是，這實在難以苛責。因為學生本來就是這樣。

世上如有熟知各行各業的祕辛且發揮了產業經濟學的素養來選擇職場的學生，那才是怪恐怖的。我反而會覺得這樣的孩子是不是欠缺了什麼。學生就是要有青澀的地方，而那也是美好的部分。

話雖如此，學生以自身的感性基於表面資訊選擇進入的公司，是否真的適合自己過一生，那當然是令人抱持很大的疑問。

任何人如果被要求「一輩子都要去人生最早去的那間餐廳吃飯」，一定都會回答「這太荒謬了！」哪一家餐廳的菜色合口味？什麼樣的料理是多少定價算合理？這些知識和感性都要經過多次的失敗後才會成為經驗。

然後，此時才會真正出現幾間適合自己的「人生餐廳」。比較快的人

大概是在二十幾歲的後半，大多數的人能找到如人生之友的餐廳還是約莫落在三十到四十多歲的時候。

可是，換成是公司時，沒人對此怪象說過半句話。二十多歲時，對社會上的公司還懵懵懂懂的狀況下，不用經歷什麼重大的內心糾葛，就要決定度過一生的場所。這樣草率的過程所選出的公司，真的是適合當事者的歸屬嗎？每每思及，我總是感到很懷疑。

05 命運之日也可能在此時降臨

光是等待無法開始

不少人模模糊糊地思索著，有一天改變人生的「命運之日」會不會來臨。我可以在此斷言，就算想這種事，「命運之日」也不會到來。因為對我們而言，非常平凡的每一天就是「命運之日」。常聽到有些中高年人士說「我的人生中沒有那種日子」，但其實那只是本人沒有發現、沒有意識到而已，「命運之日」好幾次從他的面前白白經過。改變人生的「命運之日」並不是發生了什麼特別事情的日子。

事後回顧的話，命運之日幾乎都只是非常平凡的一天。

例如，我的人生經歷過數次的轉職，除了其中一次之外，全都是出自友人和前同事的邀約。意想不到的人、意想不到的公司提出的邀約形成了我的工作資歷。目前我的工作形式是，致力組織開發、人才培育的諮詢顧問工作為主業，執筆和演講為副業。在二十年前，連我自己也完全無法想像。本書多次提到克倫伯特茲指出「職涯是偶然形成的」，我也深有同感。

對我提出工作邀約的友人和同事都是過去曾有互動，或是聽說過我在工作上的風評才找上我的。那些產生互動的日子對我來說，應該只是非常平凡的一天。可是，這樣平凡的一天裡，他們在與我接觸後有了什麼觸發，進而邀請我「一起工作吧」。

本章之前說明了未來越來越難以預測，訂下僵化的生涯規劃其實也莫可奈何。那麼，對於將來，難道我們什麼都沒辦法準備嗎？不，沒這回事。

首先，請你好好地、認真地過今天這一天。

重視自己的價值觀和感性，做好認為該做的事，避開覺得不對的事。重複這些行為，然後在某個非常平凡的日子裡，改變命運的「那一天」就會降臨。

請重新回想看看，今天，包括各位所居住的地方和工作的地點，或是朋友、情人，一定是過去的人生當中曾有什麼樣的契機才造就了現在的自己。在那個「成為契機的日子」，你有覺得自己正在過「命運之日」嗎？應該沒這種感覺吧？跟昨日沒什麼兩樣、非常平常的一天，日後才成為人生當中具有重大意義的日子。

於是乎，各位今日的人生是由過去「某一天」的契機所造成，而未來的人生也是從此時的「某一天」開始形成。**也就是說，各位幾年後、幾十年後的人生是從「現在、這裡」開始的。**

在本書的開頭，我呼籲各位要「成為名為自己的那艘船的船長」。在本書的尾聲，我想要再次提醒各位讀者這句話。從今天起，幾年後、幾十年後，航向人生目的地的起點就是從「現在、這裡」開始，請銘記在心。

結語

給接下來將改變「世界」的各位

我想要藉由諮詢顧問的工作或是執筆、工作坊、演講的形式來培養「企業內的革命家」。理由其實很簡單，想要改變世界，先改變企業是最迅速的方法。

那麼，要怎麼做才能改變企業呢？大致有兩個方法。

首先，「從外側用榔頭敲」是第一個方法。這是毛澤東、列寧等革命家所採取的方式，也就是傳統的革命法。

除此之外，「進入系統的中央控制室按下強制停止鍵」是第二個方法。乍看之下，雖然不怎麼華麗起眼，但可說是最妥善的方法。採取這種方法的，有日本的明治維新，還有米哈伊爾．戈巴契夫。

就結論來說，筆者建議各位採取第二種方法。因為第一種方法已有太多人嘗試，且幾乎全軍覆沒。尤其是近五十年來，許多人高喊著「要改變世界！」把人生投注在第一種革命法，可惜沒能締造成果。

為什麼他們到最後都無法改變什麼呢？深究起來，原因是「因為他們一直在外面」。如前文所述，現在的世界主要是以企業的系統運作著，而這個系統的恢復力極強，就算從外側用榔頭敲破，也能馬上癒合復活。

說到這裡，我想你已明白。是的，如果對這世上的不公義和不合理感到不滿，想要改變它的話，現在還身處外側的人們必須在某個階段潛入系統的中心部，獲得權力，然後為消除世上的不公義和不合理付諸實際的行動。

正因為這個原因，「革命家」還不夠，我認為需要培養更多「企業內的革命家」。各位閱讀了本書後，若能讓你開始關注社會課題，思考從「現在、這裡」開始的人生該是什麼樣的願景，筆者將感到無比的喜悅。

國家圖書館出版品預行編目資料

成為菁英：給初入社會的你從未聽過的工作建議/山口周作；陳佩君譯. -- 初版. -- 臺北市：行人文化實驗室，行人股份有限公司，2023.05
232面；14.8 x 21 公分
譯自：トップ1%に上り詰めたいなら、20代は"業"するな
ISBN 978-626-96497-7-8（平裝）

1. 職場成功法 2. 生活指導

494.35 112002269

成為菁英——給初入社會的你從未聽過的工作建議

トップ1%に上り詰めたいなら、20代は"業"するな

作　　者　山口周
譯　　者　陳佩君

總 編 輯　周易正
特約編輯　林芳如
編輯協力　鄭湘榆、林佩儀

封面設計　蕭旭芳
內頁排版　宸遠彩藝
印　　刷　釉川印刷

I S B N　978-626-96497-7-8
定　　價　280元

版　　次　2023年04月初版一刷

出　　版　行人文化實驗室／行人股份有限公司
發 行 人　廖美立
地　　址　10074臺北市中正區南昌路一段49號2樓
電　　話　+886-2-3765-2655
傳　　真　+886-2-3765-2660
網　　址　http://flaneur.tw

總 經 銷　大和書報圖書股份有限公司
電　　話　+886-2-8990-2588